高等工科院校精品教材

实 验 力 学

主 编 曹书文 刘秦龙
副主编 李东波

中国建材工业出版社

图书在版编目（CIP）数据

实验力学/曹书文，刘秦龙主编．--北京：中国
建材工业出版社，2022.8
高等工科院校精品教材
ISBN 978-7-5160-3404-0

Ⅰ.①实…　Ⅱ.①曹…②刘…　Ⅲ.①实验应力分析
－高等学校－教材　Ⅳ.①O348

中国版本图书馆 CIP 数据核字（2021）第 247801 号

实验力学

Shiyan Lixue

主　编　曹书文　刘秦龙
副主编　李东波

出版发行：中国建材工业出版社
地　　址：北京市海淀区三里河路 11 号
邮　　编：100831
经　　销：全国各地新华书店
印　　刷：北京印刷集团有限责任公司
开　　本：787mm×1092mm　1/16
印　　张：11.75
字　　数：280 千字
版　　次：2022 年 8 月第 1 版
印　　次：2022 年 8 月第 1 次
定　　价：49.80 元

前　　言

　　"实验力学"是工程力学专业本科生必修的专业课，是一门结合力学、光学、电学和计算机知识的交叉学科课程。近几十年来，随着新技术、新设备的不断涌现，实验力学学科飞速发展，解决了工程领域的许多技术难题。

　　本书根据普通高等学校"实验力学"课程的基本要求编写，同时结合作者多年教学经验和近年来国内外最新研究成果，系统地介绍了实验力学的各种常用测试方法的实验原理和技术。

　　本书主要分为三部分：第一部分讲述实验基础知识，包括误差分析和实验数据处理、量纲分析和相似理论；第二部分讲述应变电测方法，包括静态、动态、特殊条件下应变电测方法和常用传感器简介；第三部分讲述光测方法，包括传统的光弹性法及近年来随计算机和图像处理技术发展的数字散斑相关方法。

　　本书可帮助读者掌握实验力学的基本理论和实验方法，为解决工程实际中的强度和刚度问题、进行力学及相关学科的科学研究打下坚实的理论基础。

　　本书第1章和第3~8章由曹书文编写，第9~13章由刘秦龙编写，第2、14章由李东波编写，王保实绘制了配图，全书由曹书文统稿。本书在编写过程中，作者参考了一些国内外公开出版的图书、科研论文和网络资料，在此谨致以衷心的感谢。

　　本书可供高等院校工程力学、土木、机械等专业本科生和研究生作为教材参考书，也可供相关专业教师和科研人员参考。

　　由于编者经验和水平有限，书中难免存在疏漏和不妥之处，敬请读者批评指正。

编　者

2022 年 6 月

目　　录

1 绪 论

解决工程中的力学问题有三种方法：解析法、数值法和实验应力分析法。解析法是用弹性力学或塑性力学方法进行求解，即首先建立力学模型，然后用数学方法求解。数值法是用有限差分法或有限元法等数值方法计算工程上的力学问题的方法。对工程中的绝大多数问题，不能得到解析解，只能采用数值法求出近似解。随着计算机软件、硬件和算法的迅猛发展，数值法发展迅速。实验应力分析法是用实验方法测定工程中受力构件力学问题的方法。

实验应力分析法与解析法、数值法解决工程强度问题的途径不同，三种方法均有长足的发展，可以用来解决一些强度、刚度问题，三种方法相互促进、相互补充而又保持各自特点。解析法虽然给出了应力分析的基本方程式，但是在解决实际问题时，采用解析法常常遇到建立力学计算模型和计算方面的困难，只能对一些有限的简单问题给出解析解，对几何形状或受载复杂的构件往往需要进行一些假设及理想化，因此所得结果为近似的，此时必须采用实验方法来验证。而且，对于某些三维问题和应力集中问题，仅仅依靠理论解析方法求解是十分困难的，有时甚至得不到计算结果。而实验应力分析方法不受结构形状等各种限制，这些问题采用实验方法往往可得到满意的结果。近年来由于计算机软件、硬件和算法的迅猛发展，成熟的通用有限元软件使问题变得简单快捷，几乎对所有问题均可给出解答。相较而言，应用数值计算方法，必须在建立正确力学模型的前提下，才能给出正确的结果，而且同样要用实验方法来验证，且对于一些载荷和边界条件未知的问题，在用数值方法求解时，必须采用实验方法提供必要的参数。

因此实验应力分析方法在应力分析中有其独特的作用，对科学技术的发展起着良好的推动作用。实验结果可以为新理论的建立提供依据，同时实验的设计和实施需要理论分析做指导，实验应力分析法和解析法、数值法相辅相成，共同推动科学技术的发展。

实验应力分析法和解析法、数值法一样是解决工程强度问题的重要手段，应用实验应力分析方法可解决下列问题：

（1）在试验过程中，可测定模型中的应力或变形，根据测定的结果来选择构件最合理的尺寸和结构形式。

（2）可测定现有设备中各构件的真实应力状态，找出最大应力的位置及数值，从而评定设备的安全可靠性，并为提高设备承载能力提供依据。

（3）可对破坏或失效的构件进行分析，提出改进措施，防止再次出现破坏或失效现象。

（4）测定构件在工作过程中所受载荷大小及方向，或测定影响载荷情况的各种运动参数（如位移、加速度等）。

（5）对应力分析理论计算方法进行校核，并可从实验中探索规律，为理论工作提供前提条件。

实验应力分析法也有其局限性。物体上某一点的应力是作为一种极限过程求得的，应变实际上是位移导数的函数，因此实验不论在模型上或实物上所得的结果均包含理想化和近似的因素。同时由于测试技术的限制，在某些特殊环境条件下，现在还不能进行实验，测量精度亦需要进一步提高。总之，实验应力分析法本身还需要不断完善，一些新的实验方法及新的技术有待于人们去开拓。

实验力学发展到今天，已经成为解决工程强度问题的一门独立学科，它除了以弹性理论、数据处理、相似理论等为基础理论外，还应用各种科学技术来发展自己。实验应力分析法目前已有十几种，主要有：电阻应变测量、光测弹性力学法、脆性涂层法、云纹法、激光全息干涉法、激光散斑干涉法、数字图像相关法、声全息法、声弹性法、比拟法、X射线衍射法。下面简要介绍在实验应力分析中应用较广和有发展前途的几种方法的发展历史和特点。

1. 电阻应变测量法

早在1856年W. Thomson在参与海底电缆铺设工作时，发现电缆的电阻值随海水的深度不同而变化。他进一步对钢钎和铁丝进行拉伸实验，得到了如下结论：

（1）铜丝和铁丝的应变与其电阻变化呈函数关系；

（2）铜丝与铁丝对应变与电阻变化之间关系有不同的灵敏度；

（3）由于应变而产生的微小电阻变化可用惠斯顿电桥进行测量。

这些结论正是电阻应变测量的理论基础，它指出应变可以转换成电阻的变化及用电学方法测量应变的可能性。但是直到1936—1938年才制出了纸基丝绕式电阻应变计。1952年英国的P. Jackson制出了第一批箔式电阻应变计，1954年C. S. Smith发现锗与硅半导体的压阻效应，1957年出现了第一批半导体应变计，是由W. P. Mason等人应用半导体应变计制作的传感器。至今各种不同规格的电阻应变计已有两万多种，各种传感器也具有很高的灵敏度和精度，同时不同类型的测试仪器也被研制出来，目前绝大部分仪器已实现了数据的自动采集。电阻应变测量法可用来测量实物与模型的表面应变。由于它在测量时输出的是电信号，因此易于实现测量数字化和自动化，并可进行无线遥测，还可在高温、高压液下、高速旋转及强磁场等特殊条件下进行测量，且测量方法和测量精度也在不断提高。因此电阻应变测量技术已成为实验应力分析法中应用最广的一种方法。

2. 光测弹性力学法

1816年前后，Devid Brewster等人发现将玻璃板置于偏振光场中，在载荷作用下会出现彩色条纹，而这些条纹的分布与板的几何形状及所受的载荷有关。经过研究，发现上述现象的产生，是由于玻璃板在载荷作用下任意一点的各方向应力不同，使得玻璃板任意一点各方向的折射率不同，在偏振光场中由于双折射现象而产生条纹。

1854年，法籍固体力学家G. Wertheim在实验基础上建立了应力-光学定律，证明了主折射率与主应力呈线性关系，从而得到了应力与光学量之间的定量关系，为光测弹性力学奠定了理论基础。1906年赛璐珞被用于光弹性材料之后，光测弹性力学得到了进一步发展。英国人E. G. Coker和L. N. G. Filon做了一系列研究工作，在1931年出版了《光测弹性力学》一书，该书系统地总结了前人的工作，成为光测弹性力学开始发展的标志。后来经过许多人的工作，以及酚醛树脂和环氧树脂等光学敏感性材料的出现，今天光测弹性力学法已成为实验应力分析中一个有效和成熟的方法。

光测弹性力学法利用偏振光通过透明受力模型获得干涉条纹图，可以很方便地直接确定模型各点之间的主应力差和主应力方向，如要得到主应力数值，则需借助于弹性理论或者其他实验方法。光测弹性力学法可得到整个模型的应力条纹图，从而可直接观察模型的全部应力分布情况，特别是能直接看到应力集中部位，可迅速、准确地确定应力集中系数。利用这种方法进行应力分析，不仅能准确地解决二维问题，而且可以有效地解决三维问题，不仅能测定边界应力，而且能测定模型内部应力。光测弹性力学法现在主要用于解决室温和静态应力问题，对于热应力、动应力、塑性等问题虽已进行了不少研究，但还存在一些问题有待于解决。

3. 脆性涂层法

将脆性涂层用于应变测量最早由 1932 年德国的 Dietrich 和 Lehr 两人提出。1934 年法国的 Portevin 和 Oyrnbolist 进行了脆性涂层材料的研究，用天然树脂和各种溶剂制成脆性涂层。1937 年 G-Ellis 系统地研究了脆性涂层材料的成分和性能。1941 年美国 Magnaflux 公司生产脆性涂层的商品名叫 stresscoat，在美国获得广泛的应用。脆性涂层的使用方法很简单，将脆性涂料涂于构件表面，当构件表面应变达到一定值时，涂层发生开裂，根据开裂裂纹的情况便可确定应力大小与方向，此法容易获得主应力迹线，并具有一定的精度，但要确定主应力值则有较大误差。它可以在实物上进行测量，全域性地显示，但受温度和湿度的影响较大，一般只能用于定性的测量。

4. 云纹法

云纹法用于应变测量是将两块由透明与不透明平行线条相间组成的"栅"重叠在一起，当其中一块"栅"随着构件发生变形时，由于线条之间几何干涉产生云纹条纹，根据这些云纹条纹便可确定构件的位移。由于云纹法是几何干涉方法，因此可以测量较大的变形，同时不受温度的影响，可在较高温范围内进行测量。它的缺点是在小变形时灵敏度低，但是在测量大变形时要比其他方法优越，因此可用在弹塑性变形和裂纹开裂场合下进行测量。云纹法不仅可以用来测量面内位移，还可以测量离面位移和斜率，这对测量板、壳等构件的挠度及斜率是一种很有用的方法。云纹法直接获得的信息是位移，若要得到应变需进行微分，因此精度要差一些。云纹法亦可对动位移进行测量，但此时和其他光学方法一样，所得条纹的清晰度比静态位移测量要差一些。

5. 激光全息干涉法

由于激光技术的引进，使得实验应力分析在光测方面有较大的进展，产生了激光全息干涉法和激光散斑干涉法。近年来随着数字图像处理技术的发展，数字图像相关法发展迅猛。

激光全息干涉法是一种非接触式测量方法，对构件表面的光洁度没有要求，因此构件表面不需进行专门的加工，同时它是全域显示方法，可获得构件全部位移场，可在实物上进行测量，并具有很高的灵敏度和精度，灵敏度为波长量级，采用脉冲激光光源可测量瞬态位移。

但是激光全息干涉法主要用来测量离面位移，若要确定面内位移及应变时，必须根据离面位移在面内投影的分量求得，特别是在解决三维问题的应力分析时，需测量三个方向的位移分量，其方法复杂且精确度差。激光全息干涉法在测量时要求被测物体不受外界振动等干扰，一般需在实验室中进行测量。

6. 激光散斑干涉法

激光散斑干涉法是20世纪70年代出现的一种实验应力分析方法，利用散斑相关、杨氏条纹逐点观测法测量裂纹尖端开裂位移。近年来随着傅里叶光学理论在散斑分析中的应用，可对散斑图进行全场分析与观测，散斑干涉法在实验应力分析中得到迅速的发展。激光散斑干涉法用来测量构件面内位移较好，但也可以测量斜率或离面位移。它也是一种非接触式测量方法，可在实物上进行测量，被测量构件表面不需进行特别加工，并且可以逐点测量或全场显示；这种方法还具有灵敏度高及设备简单等优点，亦能用于动态及高温应变测量，但激光散斑干涉法形成的条纹不够清晰，它是一个较有前途且正在研究发展的实验应力分析新方法。

7. 数字图像相关法

数字图像相关法（digital image correlation，DIC）又称为数字散斑相关测量法（digital speckle correlation measurement，DSCM），是当前最活跃的光测方法之一。该方法属于一种基于现代数字图像处理和分析技术的新型光测技术，直接利用被测物体表面变形前后两幅数字图像的灰度变化来测量该被测物体表面的位移和变形场。该方法对测量环境和隔振要求较低，经过30多年的发展，该方法日渐成熟和完善，作为一种非接触、光路简单、自动化程度高、精度高的光学测量方法，目前在土木工程、机械工程和航空航天领域都得到非常广泛的应用。

由上面几种实验分析方法介绍可见，实验应力分析虽然只要求测定与应力分析有关的应力、应变及位移物理量，但作为一个实验应力分析工作者，除了必须具备应力分析理论、误差分析、数据处理及相似理论等基础知识外，还必须掌握有关电学、光学及化学等技术知识，并且时刻注意科学技术发展的新动向，提高实验应力分析技术水平。

2　误差分析和实验数据处理

用各种实验方法测量力、位移、应力、应变等物理量时，不可避免地存在实验误差。从制订实验方案、按照实验目的选择实验仪器和设备、确定实验方法和步骤以及对测得的实验数据进行合理的分析和处理，都需要有关误差分析和数据处理方法的基本知识。

2.1　基本概念

1. 真值、接受参照值、观测值、理论值、误差

（1）真值是客观上存在的某个物理量的真实值。例如实际存在的力、位移、长度等数值，需要用实验方法测量，但由于仪器、方法、环境和人的观察力都不能完美无缺，所以严格说来真值是无法测得的，只能测得真值的近似值。

（2）接受参照值是用作比较的经协商同意的标准值，它有以下几种来源：①基于科学原理的理论值或确定值；②基于一些国家或国际组织的实验工作的指定值或认证值；③基于科学或工程组织赞助下合作实验工作中的同意值或认证值；④当上述3项不能获得时，则用（可测）量的期望，即规定测量总体的均值。

（3）观测值是用规定的测量方法所确定的某个物理量的数值，例如用测力计测量构件所受的力。

（4）理论值是用理论公式计算得到的某个物理量的数值，例如根据牛顿第二定律中的力和质量计算得到的加速度值。

（5）实验误差是观测值与接受参照值的差值，简称误差。

2. 实验误差的分类

根据误差的性质及其产生的原因可分为三类：

（1）系统误差：它是由某些固定不变的因素引起的误差，它对测量值的影响总是有同一偏向或相近大小。例如用应变仪测应变时，仪器灵敏系数值偏大（比应变计灵敏系数值），则所测应变总是偏小。系统误差有固定偏向和一定规律性，可根据具体原因采取适当措施予以校正和消除。

（2）随机误差（又称偶然误差）：它是由不易控制的多种因素造成的误差，有时大，有时小，有时正，有时负，没有固定大小和偏向。例如用游标卡尺测量某钢球直径，在相同条件下测量多次，所测得数据都不尽相同。数据时大时小，常围绕某一中间值上下波动，如测量次数足够多，可从中发现随机误差服从统计规律，其大小和正负的出现服从概率分布。

（3）过失误差：它是显然与实际不符的误差，无一定规律，误差可以很大，主要由于实验人员粗心、操作不当或过度疲劳造成的。例如读错刻度，记录或计算差错。此类误差只能靠实验人员认真细致地正确操作和加强校对才能避免。以下只讨论前两类误差。

3. 正确度、准确度和精密度

正确度是由大量测试结果得到的平均数与接受参照值间的一致程度；准确度是测试结果与接受参考值间的一致程度；精密度是在规定条件下，独立测量结果间的一致程度。一组测量数据重复性好即精密度高，但不一定正确度高，即所测数据可能都与真值相差较大。而另一组测量数据，若正确度高则精密度也一定高，这两者的区别可用打靶的例子说明，图 2-1 中（a）表示准确度、正确度和精密度都高；（b）表示精密度高而正确度不高；（c）表示两者都不高。

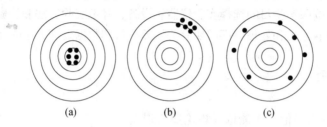

图 2-1　正确度和精密度示意

正确度主要由系统误差决定，系统误差小则正确度高；精密度由随机误差决定，随机误差小则精密度高；正确度和精密度都高的测量又可称为准确度高的测量。

4. 有效数字与计算法则

在测量数据计算中，确定用几位数字代表测量结果十分重要。测量数据的位数要根据试验对精密度的要求和测量仪器的分辨力确定。位数取得过多，超过测量仪器可能达到的分辨力是不对的；相反，位数取得过少，达不到试验对精密度的要求，或低于测量仪器能达到的分辨力，也是错误的。

（1）有效数字

测量时要估读到仪表刻度上最小一格中的分数，而不能将它略去，例如用某型号游标卡尺测量试件尺寸时，若读数盘上每分格为 0.02mm，应估读到 0.01mm，譬如 10.13mm，这四位数叫有效数字，前三位是准确的，末一位数欠准确。

数字 0 可以是有效数字，也可以不是。例如长度 0.00450m 前三个 0 均非有效数字，因为这些 0 只与所取单位有关，而与测量精度无关。如用 mm 为单位，则变成 4.50mm，前三个 0 消失，后一个 0 是有效数字，有效位数三位。后一个 0 如丢掉，则有效位数变成二位，数值的精度降低了。

（2）数值修约规则

数值修约时，应先确定修约规则：

①指定修约间隔为 10^{-n}（n 为正整数），或指明将数值修约到 n 位小数；

②指定修约间隔为 1，或指明将数值修约到"个"位数；

③指定修约间隔为 10^n（n 为正整数），或指明将数值修约到 10^n 数位，或指明将数值修约到"十""百"、"千"……数位。

数值记录时，应遵循进舍规则：

①拟舍弃数字的最左一位数字小于 5，则舍去，保留其余各位数字不变。例：将 13.138 修约到一位小数，得 13.1。

②拟舍弃数字的最左一位数字大于 5，则进一，即保留数字的末位数字加 1。例：将 1367 修约到"百"数位，得 14×10^2。

③拟舍弃数字的最左一位数字是 5，且其后有非 0 数字时进一，即保留数字的末位数字加 1。例：将 11.5002 修约到个数位，得 12。

④拟舍弃数字的最左一位数字是 5，且其后无数字或皆为 0 时，若所保留的末尾数字为奇数（1，3，5，7，9）则进一，即保留数字的末位数字加 1；若所保留的末尾数字为偶数（0，2，4，6，8）则舍去。例：若指定修约间隔为 10^{-1}，将 1.050 按规则修约，得 10×10^{-1}；将 0.55 按规则修约，得 5×10^{-1}。

⑤负数修约时，先将它的绝对值按上述规定进行修约，然后在所得值前面加上负号即可。

（3）近似数的运算规则

①加减法运算时，各数所保留的小数点后的位数应与各数中小数点后位数最少的相同。例如：12.58 + 0.0081 + 4.546 计算时应为：12.58 + 0.01 + 4.55 = 17.14 而不应算成 17.1341。

②乘除法运算时，各因子保留的位数以有效数字最少的为准，所得积或商的准确度不应高于准确度最低的因子。

③大于或等于四个的数据计算平均值时，有效位数增加 1 位。

2.2　系统误差的消除

测量过程中要根据具体原因尽可能消除或减小系统误差，常用的两种方法为：

1. 对称法

利用对称性进行实验可以消除系统误差。如在做拉伸试验时，常在拉伸试件两侧对称位置上同时粘贴两个电阻应变计（或安装两个引伸计）测量应变（或伸长），把两个数据取平均值，这样就消除了由于加载偏心引起的系统误差。

2. 校准法

用更准确的仪器校准试验仪器以减小系统误差，或用通过分析给出的各种修正公式修正实验数据以消除系统误差。

例如材料试验机的测力度盘具有 ±1% 的精度（称为三级测力计），应定期用二级标准测力计（精度 ±0.5%）进行校准，校准时记录刻度盘读数和标准测力计读数，可供以后修正数据用。

在采用长导线进行电阻应变测量时，导线电阻较大，它引起应变读数固定偏小的误差。可用公式进行修正以消除系统误差。

一般情况下，系统误差可能由多种因素引起，需具体分析、逐项排除或修正。

2.3　随机误差理论

1. 误差的正态分布

实验时希望测量值尽量接近真值，在消除系统误差和过失误差之后，实验数据中仍包含随机误差，随机误差分布曲线如图 2-2 所示。

从图 2-2 可以看出，随机误差有下列特性：

（1）小误差出现的概率高，大误差出现的概率低，绝对值很大的误差出现的概率接近于零。

（2）绝对值相等的正负误差出现的概率相等。

高斯于 1795 年提出正态分布的函数形式为：

$$y = p\ (x)\ = \frac{1}{\sqrt{2\pi}\sigma}e^{-x^2/2\sigma^2} = \frac{h}{\sqrt{\pi}}e^{-h^2/x^2} \qquad [2\text{-}1\ (a)]$$

式中，σ 为标准偏差；h 为精密度指数；$p\ (x)$ 为概率密度。

式 2-1（a）称为高斯误差分布定律，σ 与 h 有如下关系：

$$h = \frac{1}{\sqrt{2}\sigma} \qquad [2\text{-}1\ (b)]$$

根据式 [2-1（a）] 作曲线可见，$|x|$ 越大，y 值越小，$|x|$ 越小，y 值越大，当 $x = 0$ 时，

$$y_0 = \frac{h}{\sqrt{\pi}} = \frac{1}{\sqrt{2\pi}\sigma} \qquad (2\text{-}2)$$

y_0 是误差分布曲线上的最高点，它与 σ 成反比，与 h 成正比。因此 h 越大 σ 越小时曲线中部越高，两边下降越快；反之，曲线变得越平。h 反映测量的精密度大小，σ 决定误差曲线幅度大小，并表示曲线的转折点（图 2-3）。

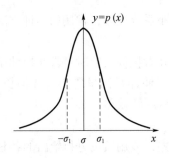 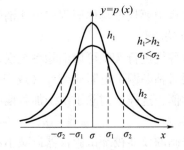

图 2-2　正态分布曲线　　　　图 2-3　高斯误差分布曲线

2. 随机误差的表示法

（1）算术平均值 X_a

由下式计算算术平均值：

$$X_a = \frac{1}{n}\sum_{i=1}^{n}X_i \qquad (2\text{-}3)$$

式中，X_i 为第 i 次测量值；n 为测量次数，当 $n \to \infty$ 时，$X_a \to X_t$，X_t 表示真值。

利用最小二乘法原理可以确定一组测量值中的最佳值，它能使各测量值误差的平方和为最小，而最佳值正好是算术平均值。

（2）标准偏差 σ

测量值偏差 $\delta_i = X_i - X_t$，则标准偏差：

$$\sigma = \sqrt{\frac{1}{n} \sum_{i=1}^{n} \delta_i^2} \qquad (2-4)$$

标准偏差是各测量值偏差平方和的平均值的平方根，又叫均方根偏差，它对较大或较小的偏差反应比较灵敏，它是表示测量精密度较好的一种方法。对于高斯误差分布在标准偏差上，$\pm \sigma$ 区间内的概率总和为 68.3%，在 $\pm 2\sigma$ 区间内的概率总和为 95%，在 $\pm 3\sigma$ 区间内的概率总和为 99.7%。可以认为在有限测量次数中某一测量值出现概率为 0.3% 已极小，故超出 $\pm 3\sigma$ 的偏差可认为不属于随机误差而是系统误差或过失误差。

（3）有限测量次数的标准偏差

当测量次数无限多时算术平均值 X_a 才是真值 X_t，而测量次数有限时 X_a 只是近似真值。由概率论知识，有限测量次数时标准偏差（又称"实验标准偏差"，简称"标准差"）计算公式：

$$s = \sqrt{\frac{1}{n-1} \sum_{i=1}^{n} (X_i - X_a)^2} \qquad (2-5)$$

（4）或然误差

规定概率为 50% 时的误差叫或然误差，在有限次数时，或然误差计算公式：

$$\gamma = 0.6745 \sqrt{\frac{1}{n-1} \sum_{i=1}^{n} (X_i - X_a)^2} \qquad (2-6)$$

上述的随机误差的正态分布，在理论上是概率论中心极限定理推导的结果，实际上由大量实践所证实，因此得到广泛应用。但是中心极限定理有前提条件，而实际误差分布往往在分布曲线尾部与正态分布有一些差异，即对相当多的实际分布来说，正态分布只是一种近似，有些实际误差分布则要按非正态分布来考虑。

2.4 离群值的判断和处理

在实验测量中，有时出现一个或几个过大或过小的数据，称为离群值。产生离群值的原因主要有两种：①客观条件因素，如试验条件意外变化（如雷击、地震）使仪器显示值出现异常；②测量人员主观因素，如粗心、操作不当产生读数或记录错误等。测量过程中如发现测量条件明显异常，应做记录以便判断离群值是否应剔除。不注明原因而随意剔除测量数据是不科学的。离群值的判断主要有以下三种方法。

1. 拉依达准则（3s 准则）

一组 n 个独立重复观测值中，第 i 次观测值 X_i 与该组观测值的算术平均值 X_a 之差称为残余误差 δ_i，简称残差，即：

$$\delta_i = X_i - X_a \qquad (2-7)$$

拉依达准则认为，在一组观测值中，若某一观测值的残差绝对值 $|\delta_i|$ 大于 3 倍标准偏差，即：

$$|\delta_i| > 3s \qquad (2-8)$$

则认为该值为离群值，应考虑剔除。对一组测量数据，此准则可重复使用，直至保留的数据中不含离群值，且使用时 s 可采用有限测量次数的标准偏差。

拉依达准则以正态分布为依据，不适用于 $n \leqslant 10$ 的情况。n 越大，其置信水平越高；当 $n \to \infty$ 时，其置信水平大于 99%。

拉依达准则实施步骤为：①求 n 次测量值的算术平均值 X_a；②求各项的残余误差 δ_i；③计算标准误差 s；④根据式（2-8）判断并剔除离群值。

2. 格拉布斯准则

该准则是用来对最大或最小离群数据的检测。设一组 n 个独立重复观测值 X_i，$i = 1$，2，$\cdots$，n，其算术平均值为 X_a，残差为 δ_i，有限测量次数的标准偏差为 s。设 X_i 服从正态分布，格拉布斯导出了 $\dfrac{|\delta_i|_{max}}{s}$ 所服从的理论，选定置信水平 p，得到和 n 有关的临界值 $G(n, p)$（表2-1），有：

$$P = \left[\frac{|X_i - X_a|_{max}}{n} > G(n, p) \right] = 1 - p$$

表 2-1　格拉布斯准则 $G(n, p)$ 表

n	p			n	p		
	90%	95%	99%		90%	95%	99%
3	1.15	1.15	1.16	22	2.43	2.60	2.94
4	1.42	1.46	1.49	23	2.45	2.62	2.96
5	1.60	1.67	1.75	24	2.47	2.64	2.99
6	1.73	1.82	1.94	25	2.49	2.66	3.01
7	1.83	1.94	2.10	26	2.50	2.68	3.03
8	1.91	2.03	2.22	27	2.52	2.70	3.05
9	1.98	2.11	2.32	28	2.53	2.71	3.07
10	2.04	2.18	2.41	29	2.55	2.73	3.08
11	2.09	2.23	2.48	30	2.56	2.74	3.10
12	2.13	2.29	2.55	31	2.58	2.76	3.12
13	2.18	2.33	2.61	32	2.59	2.77	3.14
14	2.21	2.37	2.66	33	2.60	2.79	3.15
15	2.25	2.41	2.70	35	2.62	2.80	3.16
16	2.28	2.44	2.75	35	2.63	2.81	3.18
17	2.31	2.48	2.78	36	2.64	2.82	3.19
18	2.34	2.50	2.82	37	2.65	2.83	3.20
19	2.36	2.53	2.85	38	2.66	2.84	3.22
20	2.38	2.56	2.88	39	2.67	2.86	3.23
21	2.41	2.58	2.91	40	2.68	2.87	3.24

其实施步骤为：①先计算测量结果的算术平均值和标准偏差；②取定置信水平 p，根据测量次数 n 查出相应的格拉布斯临界系数 $G(n, p)$，计算格拉布斯鉴别值；③将可疑测量值的残余误差 δ_i 与格拉布斯鉴别值相比较，若满足鉴别式 $|\delta_i|_{max} \geq G(n, p) \cdot s$，则可认为对应的测量值 X_i 为离群值，应予剔除，否则不予剔除。此准则可重复使用，直至所测数据中无离群值。

例 1：多次重复测量某工件的厚度，得测量结果为：36.44，39.27，39.94，39.44，

38.91，39.69，39.48，40.56，39.78，39.35，39.86，39.71，39.46，40.12，39.39，39.76（mm）。试判定该测量结果是否存在离群值；若有离群值，则将其剔除。

解：（1）计算该测量结果算术平均值：

$$X_a = \frac{\sum_{i=1}^{n} X_i}{n} = 39.62$$

各测量值的残余误差 δ_i 见表 2-2。

表 2-2　各测量值的残余误差

k	X_k	δ_k	k	X_k	δ_k
1	39.44	-0.18	9	39.78	0.16
2	39.27	-0.35	10	39.35	-0.27
3	39.94	0.32	11	39.86	0.24
4	39.44	-0.18	12	39.71	0.09
5	38.91	-0.71	13	39.46	-0.16
6	39.69	0.07	14	40.12	0.50
7	39.48	-0.14	15	39.39	-0.23
8	40.56	0.94	16	39.76	0.14

（2）计算标准差：

$$s = \sqrt{\frac{1}{n-1}\sum_{i=1}^{n}(X_i - X_a)^2} = 0.38$$

取置信水平 $p = 0.95$，由测量次数 $n = 16$ 查表得相应的格拉布斯临界值 $G(n, p) = 2.44$，计算格拉布斯鉴别值：

$$G(n, p) \cdot s = 2.44 \times 0.38 = 0.93$$

（3）将各测量值的残余误差 δ_i 与格拉布斯鉴别值相比较，有：

$$|\delta_8| = 0.94 > 0.93$$

故可判定 X_8 为离群值，应予剔除。

（4）将 X_8 剔除后，将剩余 15 个数据重新按上述步骤计算（步骤略），发现所有残余误差均小于格拉布斯鉴别值，可判定已无离群值，全部数据中仅 X_8 为离群值。

3. 罗曼诺夫斯基准则（t 检验准则）

设一组 n 个独立重复观测值 X_i，$i = 1, 2, \cdots, n$，怀疑其中 X_d 为离群值。要判断 X_d 是否为离群值，先计算不含 X_d 的算术平均值：

$$X_a = \frac{1}{n-1}\sum_{i=1}^{n}X_i(i \neq d)$$

再求出不含 X_d 的实验标准偏差：

$$s = \sqrt{\frac{1}{n-2}\sum_{i=1}^{n}(X_i - X_a)^2}(i \neq d)$$

根据观察次数 n 及所要求的显著性水平 a（$a = 1 - p$），查 t 检验系数 $K(n, a)$ 表（表 2-3），得 t 检验系数 $K(n, a)$ 值。

表 2-3　t 检验系数 K (n, a) 表

a	n												
	4	5	6	7	8	9	10	11	12	13	14	15	16
0.01	11.46	6.53	5.04	4.36	3.96	3.71	3.54	3.41	3.31	3.23	3.17	3.12	3.08
0.05	4.97	3.56	3.04	2.78	2.62	2.51	2.43	2.37	2.33	2.29	2.26	2.24	2.22

a	n												
	17	18	19	20	21	22	23	24	25	26	27	28	29
0.01	3.04	3.01	3.00	2.95	2.93	2.91	2.90	2.88	2.86	2.85	2.84	2.83	2.82
0.05	2.20	2.18	2.17	2.16	2.15	2.14	2.13	2.12	2.11	2.10	2.10	2.09	2.09

若

$$|X_d - X_a| > K (n, a) \cdot s \tag{2-9}$$

则可认为 X_d 为离群值，应予剔除。

此外还有奈尔检验法、狄克逊检验法等。对较为精确的实验，可选用 2~3 种准则加以判断。当几种准则结论一致时应予以剔除；当几种准则结论不一致时，应慎重考虑，一般可不予剔除。

2.5　最小二乘法

在实验中经常要观测两个有函数关系的物理量，根据两个量的多组观测数据来确定它们的函数曲线，这就是实验数据处理中的曲线拟合问题。这类问题通常有两种情况：一种是两个观测量 x 与 y 之间的函数形式已知，但一些参数未知，需要确定未知参数的最佳估计值；另一种是 x 与 y 间的函数形式还不知道，需要找出它们之间的经验公式。第二种情况常假设 x 与 y 之间的关系是一个待定的多项式，多项式系数就是待定的未知参数，从而可采用类似于前一种情况的处理方法。

1. 最小二乘原理

在两个观测量中，往往有一个量的精度比另一个高得多，简单起见把精度较高的观测量看成没有误差，并把这个观测量选成 x，而把所有的误差只认为是 y 的误差。设 x 和 y 的函数关系为：

$$y = f (x; c_1, c_2, \cdots, c_m) \tag{2-10}$$

式中，c_1，c_2，$\cdots$，c_m 是 m 个要通过实验确定的参数。对于每组观测数据 (x_i, y_i) $(i = 1, 2, \cdots, N)$ 都对应于 xy 平面上的一个点。若不存在测量误差，则这些数据点都准确落在理论曲线上。只要选取 m 组测量值代入式（2-10），便得到方程组：

$$y_i = f (x; c_1, c_2, \cdots, c_m) \tag{2-11}$$

式中，$i = 1$，2，$\cdots$，m。求 m 个方程的联立解即得 m 个参数的数值。显然 $N < m$ 时，参数不能确定。

在 $N > m$ 的情况下，式（2-11）不能直接用解方程的方法求得 m 个参数值，只能用曲线拟合的方法处理。设测量中不存在系统误差，则 y 的观测值 y_i 围绕着期望值 $\langle f (x_i; c_1, c_2, \cdots, c_m) \rangle$ 摆动，其分布为正态分布，则 y_i 的概率密度为：

$$p (y_i) = \frac{1}{\sqrt{2\pi}\sigma_i} \exp \left\{ - \frac{[y_i - \langle f (x_i; c_1, c_2, \cdots, c_m) \rangle]^2}{2\sigma_i^2} \right\}$$

式中，σ_i是分布的标准偏差。为简便起见，用 C 代表（c_1, c_2, …, c_m）。考虑各次测量是相互独立的，故观测值（y_1, y_2, …, y_N）的似然函数为：

$$L = \frac{1}{(\sqrt{2\pi})^N \sigma_1 \sigma_2 \cdots \sigma_N} \exp\left\{-\frac{1}{2}\sum \frac{[y_i - f(x;C)]^2}{\sigma_i^2}\right\}$$

取似然函数 L 最大来估计参数 C，应使：

$$\sum_{i=1}^{N}\frac{1}{\sigma_i^2}[y_i - f(x_i;C)]^2 = \min \tag{2-12}$$

式（2-12）表明，用最小二乘法来估计参数，要求各测量值 y_i 的残差 δ_i 的加权平方和为最小。

根据式（2-12）的要求，可得到方程组：

$$\sum_{i=1}^{N}\frac{1}{\sigma_i^2}[y_i - f(x_i;C)]\frac{\partial f(x;C)}{\partial C_k} = 0 \quad (k = 1,2,\cdots,m) \tag{2-13}$$

解方程组（2-13），即得 m 个参数的估计值（$\hat{c}_1$, $\hat{c}_2$, …, $\hat{c}_m$），从而得到拟合的曲线方程 $f(x; \hat{c}_1, \hat{c}_2, \cdots, \hat{c}_m)$。

2. 最小二乘拟合

拟合函数为代数多项式为常见的曲线拟合形式，即拟合函数为：

$$y = a_0 + a_1 x + a_2 x^2 + \cdots + a_n x^n$$

由式（2-13），可得方程组（共有 m 组数据且 $m > n$）：

$$\begin{bmatrix} m & \sum x_i & \cdots & \sum x_i^n \\ \sum x_i & \sum x_i^2 & \cdots & \sum x_i^{n+1} \\ \cdots & \cdots & \cdots & \cdots \\ \sum x_i^n & \sum x_i^{n+1} & \cdots & \sum x_i^{2n} \end{bmatrix}\begin{bmatrix} a_0 \\ a_1 \\ \cdots \\ a_n \end{bmatrix} = \begin{bmatrix} \sum y_i \\ \sum x_i y_i \\ \cdots \\ \sum x_i^n y_i \end{bmatrix}$$

求解方程组可得相应的拟合系数 a_i（$i = 0$, 1, 2, …, n），进而可得拟合函数。

当 $n = 1$ 时，即为应用极为广泛的线性拟合，拟合函数为 $y = a_0 + a_1 x$。

$$\begin{bmatrix} m & \sum x_i \\ \sum x_i & \sum x_i^2 \end{bmatrix}\begin{bmatrix} a_0 \\ a_1 \end{bmatrix} = \begin{bmatrix} \sum y_i \\ \sum x_i y_i \end{bmatrix} \tag{2-14}$$

解得拟合系数 a_0，a_1 即可得拟合函数。

例 2：电流通过 2Ω 电阻，用伏安法测得的电压电流见下表：

I (A)	1	2	4	6	8	10
V (V)	1.8	3.7	8.2	12.0	15.8	20.2

用最小二乘法确定电压和电流和关系。

解：（1）确定 $V = \varphi(I)$ 的形式：将数据点描绘在坐标系上（图略），可以看出这些点在一条直线的附近，故用线性函数拟合数据，即：

$$V = a_0 + a_1 I$$

（2）建立方程组：

$$m = 6, \ \sum_{k=1}^{6} I_k = 31, \ \sum_{k=1}^{6} I_k^2 = 221, \ \sum_{k=1}^{6} V_k = 61.7, \ \sum_{k=1}^{6} i_k V_k = 442.4$$

由式（2-14）可得：

$$\begin{bmatrix} 6 & 31 \\ 31 & 221 \end{bmatrix} \begin{bmatrix} a_0 \\ a_1 \end{bmatrix} = \begin{bmatrix} 61.7 \\ 442.4 \end{bmatrix}$$

（3）求经验公式：

解上述方程组，可得 $a_0 = -0.215$，$a_1 = 2.032$。故经验公式为：

$$V = -0.215 + 2.032I$$

3 量纲分析和相似理论

在实验应力分析中常常需要使用模型,其主要原因是:

(1) 有些实验应力分析方法必须采用模型,例如光弹性实验(除贴片法外);

(2) 某些新设计或正在设计的结构,实物(原型)尚未加工出来,如果加工模型比实物要容易,价格低廉,则可通过模型实验来比较设计方案及校核设计是否合理;

(3) 对某些特殊结构不能在原型上进行测试,例如特别小(特别大)的零件,必须在放大(缩小)后的模型上进行测试。

采用模型来代替原型时,必须方法正确,否则就得不到正确结果。一般模型实验需解决下列两个问题:

(1) 合理地选择模型的材料、尺寸、载荷以及实验方法;

(2) 将模型测量所得的结果正确地进行处理,以解决实际问题。

量纲分析和相似理论是研究模型与原型之间规律的基础理论,在模型实验时必须应用这些理论来解决上述问题,本章仅介绍一些基本概念以及有关实验应力分析的模型设计和数据处理方法。

3.1 量纲分析的基本概念

任何一个物理量都是用测量单位和以此单位度量该物理量所得的倍数来表示,例如一个物体的长度为 5.12 米,其中"米"即为长度测量的单位,"5.12"是此长度以"米"为单位度量时所得的倍数,可以写成:

$$L = 5.12\text{m}$$

测量单位与被度量的物理量必须是同一类型,例如长度只能用米、厘米等来度量,而不能用分、秒等时间单位来度量,但同一类型的测量单位大小可以不同,例如米为厘米的 100 倍,因此用厘米来代替米时,度量同一长度时所得的倍数为米度量所得之数的100 倍,即:

$$L = 5.12\text{m} = 512\text{cm}$$

由上述可知测量单位有两种意义:一是表示被度量物理量的类型;另一是表示度量单位的大小。为了便于分析,把度量物理量的类型称为该物理量的量纲,同一类型的量具有相同的量纲,例如 4m、5cm 等,虽然它们的大小不同,但是均表示长度,属于同一种类型的量,因此它们的量纲相同。常用下列符号来表示各种不同的量纲:[L] 表示长度的量纲,[F] 表示力的量纲,[T] 表示时间的量纲,[M] 表示质量的量纲。

在实际现象中,物理量之间的关系遵循一定的自然规律,在数学上可用方程式来表示,因此各量纲之间有一定关系,如选定一组彼此独立的量纲作为基本单位,则其他量纲的单位可由基本单位导出。例如根据牛顿第二定律，作用力 F、质量 m 和加速度 a 有下列关系：

$$F = ma$$

若选定质量 M、时间 T 和长度 L 为基本单位，则力 F 的单位可由上式导出：

$$F = [ML/T^2]$$

由基本单位导出的量纲单位称为导出单位。基本单位不是固定不变的，任何一组彼此独立并可以导出其他单位的单位都可以作为基本单位。在力学系统中常采用二组单位作为基本单位分别是：一组以长度、质量和时间的单位作为基本单位，称 CGS 制，其量纲单位分别以 [L]、[M] 和 [T] 表示；另一组以长度、力和时间的单位作为基本单位，称为 KMS 制，其量纲单位分别以 [L]、[F] 和 [T] 表示。其他力学量的量纲单位可由基本方程导出，见表3-1。

表3-1　常用物理量量纲

量的名称	CGS 制	KMS 制	量的名称	CGS 制	KMS 制
长度	[L]	[L]	质量惯性矩	$[ML^2]$	$[FLT^2]$
质量	[M]	$[FT^2/L]$	截面惯性矩	$[L^4]$	$[L^4]$
时间	[T]	[T]	弯扭截面模量	$[L^3]$	$[L^3]$
力	$[ML/T^2]$	[F]	弹性模量	$[M/T^2L]$	$[F/L^2]$
速度	[L/T]	[L/T]	泊松比	[0]	[0]
线加速度	$[L/T^2]$	$[L/T^2]$	功	$[ML^2/T^3]$	[FL]
角加速度	$[1/T^2]$	$[1/T^2]$	功率	$[ML^2/T^2]$	[FL/T]
角度	[0]	[0]	压力	$[M/T^2L]$	$[F/L^2]$
密度	$[M/L^3]$	$[FT^2/L^4]$	应变	[0]	[0]
力矩	$[ML^2/T^2]$	[FL]	应力	$[M/T^2L]$	$[F/L^2]$

由表3-1可以看出，采用不同基本单位时，导出单位的量纲表达式不同，但量纲本身性质并未改变。在实验应力分析中一般采用三个基本单位，就能导出表中所列的其他单位，对于静力系统，因与时间无关，故只有两个基本单位，但在热应力研究中需增加温度基本单位。因此基本单位的数量要根据问题性质而定。

量纲表示了各种物理量的类型，因此表示物理量之间关系的方程式，其各项的量纲必须相同，否则便会出现如长度与时间相加等错误结论，所以方程式必须是量纲的齐次方程。可以利用这个概念，在一个物理现象中，如果知道影响该现象的有哪些物理量，便可导出该现象中一些物理量之间的关系式。例如有一质量为 m 的物体，在半径 r 处以线速度 v 做匀速圆周运动，求该物体的离心力 F。设 F 为以 m、r、v 为底数幂的乘积，即：

$$F = m^x r^y v^z \tag{3-1}$$

式中，x，y，z 为未知量，根据表3-1可得：

$$[F] = [MLT^{-2}],\ [v] = [LT^{-1}],\ [r] = [L],\ [m] = [M]$$

则前式可写成：

$$[\mathrm{MLT}^{-2}] = [(\mathrm{M})^x(\mathrm{L})^y(\mathrm{LT}^{-1})^z]$$

可改写成：

$$[\mathrm{MLT}^{-2}] = [\mathrm{M}^x\mathrm{L}^{y+z}\mathrm{T}^{-z}]$$

根据方程中各项量纲必须相同（齐次），则必须使：

$$x=1,\ y+z=1,\ -z=-2$$

解得：

$$x=1,\ y=-1,\ z=2$$

代入式（3-1），得：

$$F=mr^{-1}v^2=\frac{mv^2}{r}$$

上式即是匀速圆周运动物体离心力的公式。从上例中可看出，参与匀速圆周运动离心力公式的物理量有四个，而可选取的基本单位有三个，可得三个方程式，x、y、z 三个未知量可解。因此，如可选取的基本单位为 n 个，参与现象的全部物理量为 $n+1$ 个，则未知量可解。

3.2　相似理论

在模型实验时，要求模型能替代实物（原型），并且从模型实验测得的数值可按一定比例换算为实际问题所需的相应数值，这就必须使模型实验与实际问题具有相同的物理量，并且用同一关系方程来表示，其相对应的同类量呈常数比。因此，模型实验中的每一个同类量按一定常数比进行转变，转变后仍保持原有的关系方程，这样就可获得实际问题所需的数值。

自然界有许多相似系统，最简单的是几何相似。如果模型所有尺寸按照与原型相对应的尺寸用同一个比例常数确定出来，则此模型与原型为几何相似。例如两个三角形的各相应边按同一比例增大或缩小，则两个三角形相似。角度是两个线性尺寸的比率，因此两个几何图形对应边具有相同比例时，其角度相等。在经常遇到的物理现象中，往往包含许多因素，如几何尺寸、力、速度、边界条件等，要使两个现象相似，除了几何相似外，还要使参与该现象中的所有物理量都相似，并且保持原有的关系方程，因此各物理量彼此有关，并互相制约，保持一定的关系。

相似理论就是用来解决上述诸问题，是判别两个相似现象的必要和充分条件，是两个相似现象所需遵循的法则。

下面介绍相似理论的三个基本定理。

3.2.1　相似第一定理

相似第一定理主要是阐明两个相似现象中同类物理量呈常数比，其比值称为相似系数，不同类物理量的相似系数可以不同，但是由于相似现象具有相同的关系方程，因此相似系数之间存在一定的关系，现举例说明。

设有两个彼此相似的现象，可用同一个方程式来表示，如牛顿第二定律的数学表达式，即作用力 F 等于质量 m 与加速度 a 的乘积，其方向与加速度方向相同，即：

$$F = ma$$

对于第一个现象：

$$F' = m'a'$$

对于第二个现象：

$$F'' = m''a''$$

若此两种现象各物理量之间存在下列关系：

$$F'' = C_F F' \qquad m'' = C_m m' \qquad a'' = C_a a' \tag{3-2}$$

式中，C_F、C_m、C_a 为常数，分别为力、质量和加速度的相似系数。将式（3-2）代入第二个现象关系式，得：

$$C_F F' = C_m C_a m' a'$$

上式表明，若两现象转变时不破坏原有方程式，则必须使 $C_F = C_m C_a$，如 a' 增大至原来的 2 倍（即 $C_a = 2$），m' 增大至原来的 3 倍（即 $C_m = 3$），则 F' 必须增大至原来的 $2 \times 3 = 6$ 倍（即 $C_F = C_m C_a$），令：

$$C_i = C_F / C_m C_a$$

若此两现象相似，必须使：

$$C_i = C_F / C_m C_a = 1 \tag{3-3}$$

因此相似系数之间存在着一定的关系，式（3-3）表明其中两个相似系数任意选定后，第三个相似系数必须由上式决定，因此上式是判别现象相似的条件，称为相似指标。由此，相似第一定理可用文字表达为：对于彼此相似的现象其相似指标为 1。

由式（3-2）变换后可得到：

$$F''/m''a'' = F'/m'a' \tag{3-4}$$

上式表示彼此相似现象中的各物理量之间有一定关系，如去掉上式的上标则可写成一般形式，令：

$$K = F/ma \tag{3-5}$$

上式称为相似判据。从式（3-4）中可以看出，对所有相似的现象，其相似判据是相同的，它是一个不变量，可用 K（$K = idem$ 即同一个数值意思）表示，因此可以利用相似判据，来确定两个相似现象中的物理量之间的关系。

相似第一定理可用文字归纳为：对于彼此相似的现象，其相似指标为 1，或其相似判据为一不变量。

应该注意相似系数与相似判据的不同之处，相似系数在两个相似现象中是常数，但对与此两个现象互相相似的第三个现象中，具有不同数值，而相似判据则在所有互相相似的现象中是一个不变量。

3.2.2　相似第二定理

如前所述，描写物理现象的方程式必须是量纲的齐次方程，因此用与方程各项相同量纲去除方程的各项，则该方程式可变为无量纲综合数群的方程形式。相似第二定理指出，互相相似的现象中，其相似判据可不必利用相似指标来导出，只要将方程转变为无量纲方程形式，无量纲方程各项即为相似判据。因表示现象各物理量之间的关系方程式，均可转变为无量纲方程形式，因此可以写出相似判据方程式。

设有一等截面直杆，两端受有一对偏心的拉力 F，其偏心距为 L，则此杆件外侧面的应力 σ，可由下式表示：

$$\sigma = \frac{FL}{W} + \frac{F}{A}$$

式中，W 为抗弯截面模数，A 为杆件截面的面积。

因上式各项的量纲相同，如以其中一项除方程各项，即可得无量纲方程形式。现以 σ 除上式各项得：

$$1 = \frac{FL}{\sigma W} + \frac{F}{\sigma A}$$

上式各项均无量纲，其中 $\frac{FL}{W\sigma}$ 和 $\frac{F}{A\sigma}$ 即为相似判据，证明如下：

如对此杆件有两相似现象，其各物理量之间关系如下：

$$F'' = C_F F', \quad L'' = C_L L', \quad \sigma'' = C_\sigma \sigma', \quad W'' = C_W W', \quad A'' = C_A A' \tag{3-6}$$

式中，C_F、C_L、C_σ、C_W、C_A 为各同类量的相似系数。

对第一现象：

$$1 = \frac{F'L'}{\sigma'W'} + \frac{F'}{\sigma'A'}$$

对第二现象：

$$1 = \frac{F''L''}{\sigma''W''} + \frac{F''}{\sigma''A''} \tag{3-7}$$

将式（3-6）代入式（3-7）得：

$$1 = \frac{C_F C_L}{C_\sigma C_W} \frac{F'L'}{W'\sigma'} + \frac{C_F}{C_\sigma C_A} \frac{F'}{A'\sigma'}$$

由上式可见，如使此两现象相似，必须使：

$$C_1 = \frac{C_F C_L}{C_\sigma C_W} = 1, \quad C_2 = \frac{C_F}{C_\sigma C_A} = 1$$

上两式可作为相似条件，和相似第一定理一样可表达为：彼此相似的现象其相似指标为1。

把式（3-6）中诸关系式代入上式，得相似判据：

$$\frac{F''L''}{W''\sigma''} = \frac{F'L'}{\sigma'W'} \quad \frac{F''}{\sigma''A''} = \frac{F'}{\sigma A'}$$

可将上面两式去掉上标写成一般形式：

$$K_1 = \frac{FL}{\sigma W} \qquad K_2 = \frac{F}{\sigma A} \tag{3-8}$$

上式表明无量纲方程的各项就是相似判据，彼此相似现象的判据为不变量。

相似第二定理用文字可表达为：表示一现象各物理量之间的关系方程式，都可转换成无量纲方程，无量纲方程的各项即是相似判据。因此表示一现象各物理量之间的关系方程式，都可写成相似判据方程。

相似第二定律亦可称为 π 定理，π 定理的一般形式将在后面讨论。

3.2.3 相似第三定理

相似第一、第二定理明确了相似现象的性质，它们是在假定现象相似为已知的基础上导出的，但是没有给出相似现象的充分条件。相似第三定理指出，在物理方程相同的情况下，如两个现象的单值条件相似，亦即从单值条件下引出的相似判据若与现象本身的相似判据相同，则这两个现象一定相似。

单值条件，是指一个现象区别于一群现象的那些条件。属于单值条件的因素有：系统的几何特性，对所研究的对象有重大影响的介质特性，系统的初始条件和边界条件等（下面诸关系式中，下标 M 表示模型，下标 P 表示原型）。

1. 几何相似

在几何相似系统中，任何相应点（i 点）的坐标应满足：

$$\frac{x_{pi}}{x_{Mi}} = C_L$$

2. 时间相似

在随时间变化的过程中，每一时刻都对应着一批确定的物理量。由于其总是在相同的时间基础上进行的，因此必须保持不变的时间比例关系：

$$\frac{t_{pi}}{t_{Mi}} = C_t$$

3. 物理参数的相似

对弹性结构有影响的物理参数，有弹性模量 E、泊松比 μ、密度 ρ 等，在模拟时应满足下列比例关系：

$$\frac{E_p}{E_M} = C_E \qquad \frac{\mu_p}{\mu_M} = C_\mu \qquad \frac{\rho_p}{\rho_M} = C_\rho$$

4. 初始条件的相似

物理现象一方面取决于该现象的本质，另一方面也取决于它的初始条件，因此模拟时必须满足初始条件相似，而且其相似比例尺应与过程中的比例尺一致。

5. 边界条件的相似

在两个相似现象中，除了具有相同的基本方程外，显然还要满足边界条件相似，例如四周固支的板与四周简支的板，其处理方法是不同的。

在物理方程相同的条件下，单值条件决定所研究过程中各物理量的大小。这时，单值条件相似就成为相似的充分条件。

应该指出，在叙述上面三个相似定理时，为了简便起见，没有采用微积分运算方程式，但此三个定理对微积分方程同样适用，例如微分符号 dx，可以看成 $x_2 - x_1$，因此 dx 与 x 具有同样的物理意义，在确定相似系数与相似判据时可不考虑微积分符号。

3.3 用方程式分析结构相似

对于物理量之间的关系方程式已知的问题，应用相似理论可以很容易求得模型与原型的相应物理量之间的关系式，从而从模型测得实验结果，再换算成原型的相应数值。

如图 3-1 所示，一个受均布载荷 q 的简支梁，其挠度 y、弯矩 M 和梁上、下表面的弯曲应力方程式见式（3-9）：

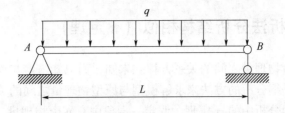

图 3-1 受均布载荷 q 的简支梁

$$\begin{cases} y = \dfrac{qx}{24EI}\,(-L^3 + 2Lx^2 - x^3) \\[2mm] M = \dfrac{qx}{2}\,(L-x) \\[2mm] \sigma = \dfrac{qx}{2W}\,(L-x) \end{cases} \tag{3-9}$$

式中，E 为梁的弹性模量；I 为截面惯性矩；W 为抗弯截面系数。

如设模型 M 与原型 P 诸物理量有下列关系式：

$$y_M = C_y y_p \quad M_M = C_M M_p \quad \sigma_M = C_\sigma \sigma_p \quad q_M = C_q q_p \quad x_M = C_x x_p$$

$$L_M = C_L L_p \quad E_M = C_E E_p \quad I_M = C_L{}^4 L_p \quad W_M = C_L{}^3 W_p$$

上面诸关系式中，下标 M 表示模型，下标 P 表示原型。若模型与原型相似，根据相似第一定理，相似指标等于1，从方程（3-9）中可得：

$$C_1 = \frac{C_q}{C_E C_y} = 1, \quad C_2 = \frac{C_q C_L{}^2}{C_M} = 1, \quad C_3 = \frac{C_q}{C_L C_\sigma} = 1$$

相应的相似判据方程：

$$K_1 = \frac{q}{Ey} \quad K_2 = \frac{qL^2}{M} \quad K_3 = \frac{q}{L\sigma}$$

因相似判据在模型与原型中有相同数值，因此根据上面三个相似判据方程式，可得模型与原型诸物理量之间关系式：

$$y_p = \frac{q_p}{q_M}\frac{E_M}{E_p} y_M; \quad M_p = \frac{q_p}{q_M}\frac{L_p^2}{L_M^2} M_M; \quad \sigma_p = \frac{q_p}{q_M}\frac{L_M}{L_p}\sigma_M$$

从上式可知，若要使模型中应力与原型中应力相等，则模型实验时要使 $\dfrac{q_p}{q_M} = \dfrac{L_p}{L_M}$，即 $C_q = C_L$；若要使模型与原型的挠度相等，则从上式的第一式中可以看出，必须使 $\dfrac{q_p}{q_M} = \dfrac{E_p}{E_M}$，因 E_p、E_M 是模型与原型材料的弹性模量，不能任意选择，所以必须选择 $\dfrac{q_p}{q_M}$ 比值，使其等于 $\dfrac{E_p}{E_M}$。

在结构计算中，经常会遇到微分方程式，利用边界条件来求解时十分困难，而应用相似理论可以很容易建立判据方程，利用判据方程可得模型与原型之间诸物理量之间关系，用模型测得结果换算成实际需要数值，所以用方程式来分析结构的相似条件，在这类问题中更有实际价值。

3.4 用量纲分析法分析结构相似（π 定理）

若一个问题中诸物理量之间的关系方程式未知，而只知道参与该问题现象有哪些物理量，此时要采用量纲分析的方法来求解模型与原型物理量之间的关系式。

下面先介绍量纲分析中的 π 定理。假定一现象中有 n 个物理量，则其关系方程式可表示如下：

$$f(x_1, x_2, \cdots, x_n) = 0$$

此方程可用极数形式表示：

$$\sum (N_i x_1^{a_i}, x_2^{b_i}, \cdots, x_n^{k_i}) = 0$$

式中，N_i 为无量纲数。

因为方程式必须是量纲的齐次方程，因此以其中任一项 $N_s x_1^{a_s}, x_2^{b_s}, \cdots, x_n^{k_s}$（$s$ 项）除各项，得无量纲方程式：

$$1 + \sum \frac{N_i}{N_s} x_1^{a_i-a_s}, x_2^{b_i-b_s}, \cdots, x_n^{k_i-k_s} = 0 \tag{3-10}$$

令 $A_i = a_i - a_s$，$B_i = b_i - b_s$，$K_i = k_i - k_s$，$T_i = \dfrac{N_i}{N_s}$，则式（3-10）可写成：

$$1 + \sum T_i x_1^{A_i} x_2^{B_i} \cdots x_n^{K_i} = 0 \tag{3-11}$$

如果上式中有 m 个互相独立的物理量可作为基本单位，为方便起见设 x_1，x_2，$\cdots$，x_m 为基本单位，x_{m+1}，x_{m+2}，$\cdots$，x_n 为导出单位，因此可建立 $n-m$ 个无量纲数群，称为 π 项：

$$\pi_1 = \frac{x_{m+1}}{x_1^{\alpha_1} x_2^{\beta_1} \cdots x_m^{\eta_1}}$$

$$\pi_2 = \frac{x_{m+2}}{x_1^{\alpha_2} x_2^{\beta_2} \cdots x_m^{\eta_2}} \tag{3-12}$$

$$\cdots$$

$$\pi_{n-m} = \frac{x_n}{x_1^{\alpha_{n-m}} x_2^{\beta_{n-m}} \cdots x_m^{\eta_{1-m}}}$$

式（3-12）中分子和分母的量纲相同，因此均为无量纲项，代入式（3-11）得：

$$1 + \sum T_i x_1^{A_i} x_2^{B_i} \cdots x_m^{F_i} (x_1^{\alpha_1} x_2^{\beta_1} x_m^{\eta_1})^{G_i} (\pi_1)^{G_i} (x_1^{\alpha_2} x_2^{\beta_2} x_m^{\eta_2})^{H_i} (\pi_2)^{H_i} \cdots$$
$$(x_1^{\alpha_{n-m}} x_2^{\beta_{n-m}} x_m^{\eta_{n-m}})^{K_i} (\pi_{n-m})^{K_i} = 0 \tag{3-13}$$

因 x_1，x_2，$\cdots$，x_m 为基本单位，彼此无合并可能，式（3-13）又是无量纲方程，因此 x_1，x_2，$\cdots$，x_m 的指数总和为零，即：

$$x_1^{A_i + \alpha_1 G_i + \alpha_2 H_i \cdots \alpha_{n-m} K_i} = x_1^0 = 1$$

故式（3-13）可写成：

$$1 + \sum T_i \pi_1^{G_i} \pi_2^{H_i} \cdots \pi_{n-m}^{K_i} = 0 \tag{3-14}$$

或

$$f_1\left(\pi_1,\ \pi_2,\ \cdots,\ \pi_{n-m}\right)=0$$

由此 π 定理可表达为：所有的量纲齐次方程均可化作无量纲综合数群之和的形式，无量纲数群 π 项的数目为 $n-m$ 个，其中 n 为方程中不同物理量的数目，m 为彼此独立可作基本单位的物理量数目。

根据相似第二定理，无量纲方程的各项为相似判据，因此 π 项可作为相似判据，$n-m$ 个 π 项可建立 $n-m$ 个相似判据方程。

现在应用 π 定理来解上节所提到的受均布载荷简支梁的例题，经分析可知梁中应力与载荷、弯矩以及梁的尺寸有关，和弹性模量无关，因此表示应力的方程为：

$$\sigma=f\left(q,\ M,\ L\right)$$

上式中共有四个物理量，它们的量纲分别为：

$$\sigma:\left[FL^{-2}\right];\ q:\left[FL^{-1}\right];\ M:\left[FL\right];\ L:\left[L\right]$$

以上诸式表明，此四个物理量只能有两个独立基本单位，因此有 $4-2=2$ 个 π 项，任选两个例如 M 和 L 作为基本单位，则 π 项可写为：

$$\pi_1=\frac{\sigma}{M^aL^b}\sim\frac{FL^{-2}}{F^aL^aL^b}=\frac{F^{1-a}}{L^{a+b+2}}$$

$$\pi_2=\frac{q}{M^cL^d}\sim\frac{FL^{-1}}{F^cL^cL^d}=\frac{F^{1-c}}{L^{c+b+1}}$$

π_1 和 π_2 为无量纲项，因此要满足此条件，必须使：

$$1-a=0,\ a+b+2=0,\ 1-c=0,\ c+d+1=0$$

解上列诸式得：$a=1$，$b=-3$，$c=1$，$d=-2$。则：

$$\pi_1=\frac{\sigma L^3}{M},\ \pi_2=\frac{qL^2}{M} \tag{3-15}$$

π 项即为相似判据，因此从式（3-15）可得到模型与原型物理之间的关系式：

$$\frac{\sigma_pL_p^3}{M_p}=\frac{\sigma_ML_M^3}{M_M},\ \frac{q_pL_p^2}{M_p}=\frac{q_ML_M^2}{M_M} \tag{3-16}$$

从式（3-16）中可得：

$$M_p=\frac{q_pL_p^2}{q_ML_M^2}M_M,\ \sigma_p=\frac{q_pL_M}{q_ML_p}\sigma_M$$

此两式即为上节用方程式分析所得结果。

同时经分析梁的挠度可用下列方程式表示：

$$y=f\left(q,\ M,\ L,\ E\right)$$

上述方程中有 2 个独立基本单位，5 个物理量，因此可有 3 个 π 项，选 M 和 L 为基本单位，则：

$$\pi_3=\frac{y}{M^aL^b}\sim\frac{L}{F^aL^aL^b}=\frac{L^{1-a-b}}{F^a}$$

$$\pi_4=\frac{E}{M^cL^d}\sim\frac{FL^{-2}}{F^cL^cL^d}=\frac{F^{1-c}}{L^{c+d+2}}$$

$$\pi_5=\frac{q'}{M^eL^f}\sim\frac{FL^{-1}}{F^eL^eL^f}=\frac{F^{1-e}}{L^{e+f+1}}$$

π_5 和 π_2 项相同，用上面相同方法解得：

$$\pi_3 = \frac{y}{L} \qquad \pi_4 = \frac{EL^3}{M} \qquad \pi_5 = \frac{qL^2}{M}$$

从上三式中可得：

$$y_p = \frac{q_p}{q_M} \frac{E_M}{E_p} y_M$$

上式即上节用方程式分析所得的有关挠度的关系式。因此采用量纲分析的方法，可在不能确定方程式的情况下，求得模型与实物的诸物理量之间的关系式，但必须正确选择有关物理量。

思考题：小雁塔位于西安南郊荐福寺内，和荐福寺钟楼内的古钟合称为"关中八景"之"雁塔晨钟"。其建于公元707年，是早期方形密檐式砖塔的典型建筑，1961年被国务院公布为第一批全国重点文物保护单位，历经千年而不倒（图3-2）。众多科技工作者对其进行了抗震研究，振动台实验是较常见方法，如何根据相似理论进行模型设计、载荷施加及将最终测试结果转化到原型上进而分析小雁塔的抗震能力？

图3-2　小雁塔原型及振动台模型

4　电阻应变计

4.1　电阻应变计的基本构造和工作原理

4.1.1　电阻应变计的基本构造

电阻应变计一般由敏感栅、黏结剂、基底、引线和覆盖层五部分组成（图 4-1）。早期应变计的敏感栅由金属丝绕成栅形，敏感栅常用材料有铜镍合金、镍铬合金；基底和覆盖层常用材料为有机树脂；黏结剂常用材料有快干胶环氧树脂、酚醛树脂等；引线一般用镀锡细铜丝。后期出现的箔式应变片的敏感栅采用金属箔光刻而成，可制成多种图形和应变花。栅的尺寸可以很小，栅长最小可加工至 0.2mm。表 4-1 列举了几种敏感栅常用金属的材料性能。

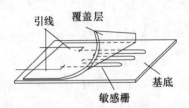

图 4-1　应变计基本构造（丝绕式）

表 4-1　常见电阻应变计用敏感栅材料性能

合金类型	成分（%）	灵敏系数	电阻率（$\Omega \cdot mm^2/m$）	电阻温度系数（$10^{-6} ℃^{-1}$）	使用温度
铜镍合金（康铜）	Ni 45，Cu 55	1.9~2.1	0.40~0.54	±20	常温，<250℃
镍铬合金	Ni 80，Cr 20	2.1~2.3	1.0~1.1	110~130	高温，<450℃
镍钼合金	Ni 78，Mo 20，Al 3	2.2	1.5	7.3	<450℃
铁铬铝合金	Fe 70，Cr 25，Al 5	2.8	1.3~1.5	30~40	500~900℃
铂铱合金	Pt 80~90，Ir 10~20	4.0	0.35	590	700℃

4.1.2　电阻应变计的工作原理

电阻应变计的基本任务是把构件表面的变形量转变为电信号，输入相关的仪器仪表进行分析。将电阻应变计粘贴在被测构件表面，构件受力变形时，电阻应变计的敏感栅也随之变形，电阻发生变化。敏感栅可以看成为一根电阻丝，其材料性能和几何形状的改变会引起栅丝的阻值变化。

设一根金属电阻丝，其材料的电阻率为 ρ，原始长度为 L。不失一般性，假设其横

截面是直径为 D 的圆形，面积为 A，初始时该电阻丝的电阻值为 R：

$$R = \rho \frac{L}{A} \tag{4-1}$$

在外力作用下，金属丝产生变形，电阻发生相应的变化：

$$\frac{\mathrm{d}R}{R} = \frac{\mathrm{d}\rho}{\rho} + \frac{\mathrm{d}L}{L} - \frac{\mathrm{d}A}{A} \tag{4-2}$$

假设电阻丝沿轴向伸长，其横向尺寸会相应缩小，设泊松比为 μ，由泊松效应引起的截面变化为：

$$\frac{\mathrm{d}A}{A} = 2\frac{\mathrm{d}D}{D} = -2\mu\frac{\mathrm{d}L}{L} \tag{4-3}$$

代入式（4-2）可得：

$$\frac{\mathrm{d}R}{R} = \frac{\mathrm{d}\rho}{\rho} + (1 + 2\mu)\frac{\mathrm{d}L}{L} \tag{4-4}$$

对金属丝性能研究发现有：

$$\frac{\mathrm{d}\rho}{\rho} = m\frac{\mathrm{d}V}{V}$$

式中，V 为金属丝的初始体积，$V = AL$；m 为比例系数，对特定材料，在一定范围内，m 为常数。由细金属丝轴向应变 $\varepsilon = \frac{\mathrm{d}L}{L}$，$\frac{\mathrm{d}V}{V} = (1 - 2\mu)\frac{\mathrm{d}L}{L}$ 得：

$$\frac{\mathrm{d}R}{R} = [1 + 2\mu + m(1 - 2\mu)]\varepsilon = K_0\varepsilon \tag{4-5}$$

$$K_0 = 1 + 2\mu + m(1 - 2\mu)$$

式中，K_0 为金属丝的灵敏系数。在一定范围内，μ、m 为常数，故 K_0 也是常数，表示金属丝的电阻变化率与它的轴向应变成线性关系。根据这一规律，采用能够较好地在变形过程中产生电阻变化的材料，制造将应变信号转换为电信号的电阻应变计。

4.2 电阻应变计的分类

电阻应变计的种类很多，常见的分类方法有：

（1）按许用工作温度范围分类，可分为低温、常温、中温和高温应变计。

①低温电阻应变计：许用工作温度在 $-30℃$ 以下；

②常温电阻应变计：许用工作温度在 $-30 \sim 60℃$；

③中温电阻应变计：许用工作温度在 $60 \sim 350℃$；

④高温电阻应变计：许用工作温度在 $350℃$ 以上；

（2）按敏感栅材料分类，可分为金属、半导体及金属或金属氧化物浆料三类。

①金属电阻应变计：包括丝绕式电阻应变计、箔式电阻应变计和薄膜电阻应变计；

②半导体电阻应变计：包括体型半导体应变计、扩散型半导体应变计和薄膜半导体应变计；

③金属或金属氧化物浆料电阻应变计：主要是厚膜电阻应变计。

（3）按安装方式的不同，可分为粘贴式、焊接式和喷涂式三类。

（4）按敏感栅结构的不同，可分为单轴应变计、多轴应变计（应变花）和复式应变计。

下面介绍几种常见的电阻应变计。

1. 金属丝式应变计

丝式应变计的敏感栅用直径 20 ~ 50μm 的合金丝在专用的制栅机上制成，常见的有丝绕式和短接式。各种温度下工作的应变计都可以制成丝式应变计。受绕丝设备的限制，丝式应变计栅长不能小于 2mm。短接式应变计的横向效应系数较小，可用不同材料组合成栅，实现温度自补偿；但短接式应变计焊点较多，不适用动态应变测量。

2. 金属箔式应变计

箔式应变计敏感栅用 3 ~ 5μm 厚的合金箔光刻制成，基底是在箔的另一面涂上树脂胶，经过加热聚合而成（图 4-2）。

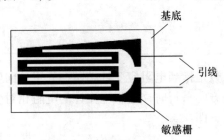

图 4-2　金属箔式应变计

与丝式应变计相比，箔式应变计有以下优点：

（1）敏感栅很薄且与基层接触面积比丝材大，有利于变形传递，故感受的应变与试件表面应变状态更接近，测量精度更好；

（2）敏感栅薄且宽，散热性好，允许通过较大的电流，故可以输出较强的信号，可以提高测量灵敏度；

（3）敏感栅的横向部位可根据横向效应的要求设计，故横向效应较小；

（4）敏感栅可根据蠕变效应的要求设计，故蠕变小，疲劳寿命长；

（5）加工性能好，能加工成各种形状、尺寸的应变计；

（6）制造工艺自动化，可高效批量生产。

由于箔式应变计具有以上优点，故应用范围广泛，是使用最普遍的电阻应变计。

3. 薄膜应变计

薄膜应变计的敏感栅是用真空蒸发或溅射等方法加工到基底上形成薄膜，再经光刻而成。薄膜的厚度约为箔式应变计中箔厚度的 1/10 以下。敏感栅与基底结合力强，蠕变和滞后很小。薄膜应变计的工艺环节少，周期短，成品率高，应用广泛。

4. 半导体应变计

半导体应变计的敏感栅是利用单晶硅、锗等半导体材料制成的，其工作原理是晶体的压阻效应。半导体应变计按照敏感栅制造方法分为三类：体型半导体应变计、扩散型半导体应变计和薄膜型半导体应变计，图 4-3 是一种典型的体型半导体应变计，它由一条单晶硅或锗作为敏感栅，其余部分由基底、连接端子、内引线和外引线构成。

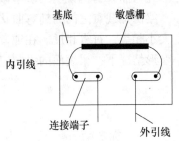

图 4-3　半导体应变计

（1）半导体应变计的优点：

①灵敏系数是箔式应变计的几十倍，输出信号大；

②横向效应和机械滞后小。

（2）半导体应变计的缺点：

①杂质浓度对电阻值和灵敏系数影响较大；

②灵敏系数的离散性较大，且拉伸和压缩时的灵敏系数不同；

③大应变时灵敏系数的非线性大。

4.3 电阻应变计的工作特性

4.3.1 灵敏系数

电阻应变计的灵敏系数是指当电阻应变计粘贴在处于单向应力状态的试件表面上且其应变栅纵线方向与应力方向平行时，电阻应变计的电阻相对变化与由此单向应力引起的试件表面轴向应变之比，即：

$$K = \frac{\Delta R / R}{\varepsilon} \tag{4-6}$$

式中，K 为应变计的灵敏系数；$\dfrac{\Delta R}{R}$ 为应变计的电阻相对变化；ε 为测点处沿敏感栅轴向的应变。

应变计的灵敏系数主要取决于敏感栅材料，但和敏感栅材料的灵敏系数又不相同。这是由于应变计中横向敏感栅的存在，使应变计的灵敏系数小于金属丝的灵敏系数；另外电阻应变计是通过黏结剂粘贴在试件表面，试件的变形通过黏结剂传递给应变计，也使得应变计的灵敏系数小于金属丝的灵敏系数，这和黏结剂的种类、厚度、固化程度与粘贴质量有关。因此，应变计的灵敏系数受多种因素的影响，不能通过理论计算得到，而是采用专门的仪器进行试验测定。由于应变计粘贴后不能取下重复利用，所以测试时采用抽样方法，测定每批应变计的灵敏系数，将所得的灵敏系数的平均值和标准误差，作为表征该批次应变计的灵敏系数特征。

测定应变计灵敏系数时，将应变计粘贴在单向应力试件表面。由于梁试件不需要加很大的荷载就可以在较大面积区域范围内形成均匀的应变分布，故常用弯曲梁作为灵敏系数的测定装置。常用的形式有 3 种，分别是：等应力悬臂梁、纯弯曲梁和刚架梁。此处以纯弯曲梁为例说明灵敏系数的标定方法（图 4-4）。

梁两加载点之间为纯弯曲状态，各截面弯矩相等，上、下表面为单向应力状态，应变大小相等，符号相反。在纯弯曲梁段上安装三点式挠度仪，由材料力学知识可知，在小变形情况下，梁表面的纵向应变 ε 与几何尺寸、相对挠度 f 的关系为：

$$\varepsilon = \frac{h}{\left(\dfrac{a}{2}\right)^2 + f^2 + hf} f \tag{4-7}$$

式中，h 为标定梁的高度；a 为三点式挠度仪两支点间的距离；f 为梁中点的相对挠度。式中挠度 f 远小于试件尺寸 a、h，故可在分母中略去，式（4-7）可简化为：

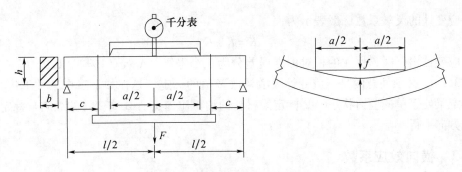

图 4-4 纯弯曲梁方式标定装置

$$\varepsilon = \frac{4h}{a^2} f \tag{4-8}$$

由式（4-8）可知，根据梁高 h、三点式挠度仪支点间距离 a 和千分表读数 f，即可求出梁上下表面应变值 ε。

采用抽样测定方法来标定应变计的灵敏系数 K 时，一般规定从相同的一批应变计中抽取 5%（每次标定不少于 6 片）作为样品进行测定。测定时，先在梁的纯弯曲工作段的上下表面分别沿应力方向粘贴应变计。正式测试前，先预加载 3 次，使梁表面产生一定量的微应变。正式测定时应加载、卸载 3 次，同时记录梁的挠度和应变计的指示应变，取平均值作为单个应变计的测定值。每个应变计的灵敏系数 K_i 为：

$$K_i = \frac{\left| \dfrac{\Delta R_+}{R} \right| + \left| \dfrac{\Delta R_-}{R} \right|}{\left| \varepsilon_+ \right| + \left| \varepsilon_- \right|} \tag{4-9}$$

式中，$\left| \dfrac{\Delta R_+}{R} \right|$、$\left| \dfrac{\Delta R_-}{R} \right|$ 分别为同一应变计在加载和卸载时电阻变化差值平均值的绝对值；$\left| \varepsilon_+ \right|$、$\left| \varepsilon_- \right|$ 分别为对应的同一应变计测得的梁表面的机械应变。若采用电阻应变仪测量应变计的机械应变 $\varepsilon_{仪}$，则有：

$$\left| \frac{\Delta R_\pm}{R} \right| = K_{仪} \times \left| \varepsilon_{仪} \right|$$

若应变计只受拉或受压，则：

$$K_i = \frac{\left| \dfrac{\Delta R}{R} \right|}{\left| \varepsilon \right|} = \frac{K_{仪} \times \left| \varepsilon_{仪} \right|}{\left| \varepsilon \right|} \tag{4-10}$$

设该批应变计的平均灵敏系数为 $\overline{K}$，则：

$$\overline{K} = \frac{\sum\limits_{i=1}^{n} K_i}{n} \tag{4-11}$$

式中，n 为该批应变计抽样数。

灵敏系数的分散度，可用标准误差 σ 或相对标准误差 C 来表示：

$$\sigma = \sqrt{\frac{1}{n-1} \sum (K_i - \overline{K})^2} \tag{4-12}$$

$$C = \frac{\sigma}{\overline{K}} \times 100\% \tag{4-13}$$

应变计的灵敏系数一般表示为：

$$K = \bar{K} \pm C \qquad (4\text{-}14)$$

应变计出厂时，标注的相对标准误差分为三个等级：A 级（1%）、B 级（2%）、C 级（3%）。必须注意的是，应变计灵敏系数 K 值的标定，是在如下三个条件下进行的：①标定梁处于单向应力状态；②标定梁材料的泊松比为 μ_0；③应变计的纵向与标定梁的应力方向平行。

4.3.2　横向效应系数

垂直于应变计轴线方向的横向应变引起的电阻变化会降低应变计对轴向应变的敏感程度，这种现象称为横向效应。横向效应的大小用横向效应系数表示，横向效应系数（H）是指应变计横向灵敏系数 K_B 与纵向灵敏系数 K_L 的比值，用百分数表示。横向效应系数与应变计材料、敏感栅形状、尺寸及工艺有关，由专门的检测装置抽样检定。检定横向效应系数的装置原理上有两种：一种是用单向应变标定装置，另一种是用单向应力标定装置。

图 4-5 为常见的单向应变标定装置，顶部为工作区，试件的中间薄壁部分厚度约为 5mm，两侧用螺钉与侧板连接。加载后试件的薄壁部分产生弯曲变形，由于试件长度方向刚度很大，当 x 方向产生很大的应变时，y 方向应变近似为零，可视为单向应变场。

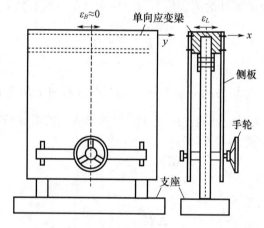

图 4-5　单向应变横向效应系数检定装置

标定时，试件表面只有纵向应变 ε_L，横向应变 $\varepsilon_B = 0$。将两枚应变计分别沿 x 和 y 方向粘贴，如图 4-6 所示，可得两枚应变计的相对电阻变化为：

$$\begin{cases} \dfrac{\Delta R_L}{R} = K_L \varepsilon_L + K_B \varepsilon_B = K_L \varepsilon_L = K_{仪}\ \varepsilon_{仪L} \\[3mm] \dfrac{\Delta R_B}{R} = K_B \varepsilon_L + K_L \varepsilon_B = K_B \varepsilon_L = K_{仪}\ \varepsilon_{仪B} \end{cases} \qquad (4\text{-}15)$$

当 $K_{仪} = 2$ 时，横向效应系数为

$$H = \frac{K_B}{K_L} = \frac{\varepsilon_{仪B}}{\varepsilon_{仪L}} \times 100\% \qquad (4\text{-}16)$$

式中，$\varepsilon_{仪B}$ 为 y 方向粘贴应变计的指示应变；$\varepsilon_{仪L}$ 为 x 方向粘贴应变计的指示应变。

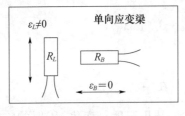

图 4-6 单向应变试件

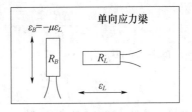

图 4-7 单向应力试件

检定时，将若干个应变计粘贴在单向应变梁表面横向（B 方向），另将同一批次相同数量的应变计粘贴在梁表面纵向（L 方向），匀速加载三次，测得横向应变计的指示应变平均值 $\bar{\varepsilon}_{仪B}$ 和纵向应变计指示应变平均值 $\bar{\varepsilon}_{仪L}$，可得横向效应系数 H：

$$H = \frac{\bar{\varepsilon}_{仪B}}{\bar{\varepsilon}_{仪L}} \times 100\%$$

采用单向应力装置时，分别沿梁纵向和横向各粘贴应变计（图 4-7），则其电阻相对变化为：

$$\begin{cases} \dfrac{\Delta R_L}{R} = K_L \varepsilon_L + K_B \varepsilon_B = K_L \varepsilon_L \left(1 - \mu H\right) = K_仪 \varepsilon_{仪L} \\[3mm] \dfrac{\Delta R_B}{R} = K_B \varepsilon_L + K_L \varepsilon_B = K_B \varepsilon_L \left(-\mu + H\right) = K_仪 \varepsilon_{仪B} \end{cases} \tag{4-17}$$

由上式可得：

$$H = \frac{\left(\dfrac{\Delta R}{R}\right)_B + \mu \left(\dfrac{\Delta R}{R}\right)_L}{\left(\dfrac{\Delta R}{R}\right)_L + \mu \left(\dfrac{\Delta R}{R}\right)_B} \times 100\% = \frac{\varepsilon_{仪B} + \mu \varepsilon_{仪L}}{\varepsilon_{仪L} + \mu \varepsilon_{仪B}} \times 100\% \tag{4-18}$$

式中，μ 为检定梁材料的泊松比。

由于箔式应变计的横栅可加工得较宽，其横向效应系数比丝绕式应变计的小很多，在实践中应用广泛。

4.3.3 温度特性

电阻应变计的温度特性分为热输出和热滞后。

1. 热输出

应变计的热输出指安装在具有某线性膨胀系数的试件上，试件可自由膨胀并不受外力作用，在缓慢升温或降温的温度场中，由温度变化引起的指示应变，用 ε_T 表示。产生热输出的主要原因为：①应变计敏感栅材料本身的电阻随温度改变；②敏感栅材料与试件材料的线膨胀系数不同，使敏感栅产生了附加变形。

当环境温度变化 $\Delta t℃$ 时，应变计的电阻变化为：

$$\Delta R_t = R \left[\alpha + K_s \left(\beta_m - \beta_s\right)\right] \Delta t$$

式中，α 为敏感栅材料的电阻温度系数（$℃^{-1}$）；β_m 为试件材料的线膨胀系数（$℃^{-1}$）；β_s 为敏感栅材料的线膨胀系数（$℃^{-1}$）；K_s 为敏感栅材料的灵敏系数；R 为应变计的电阻值（Ω）。

温度改变引起的应变计的电阻相对变化为：

$$\frac{\Delta R_t}{R} = \left[\alpha + K_s \left(\beta_m - \beta_s \right) \right] \Delta t$$

温度改变产生的热输出为:

$$\varepsilon_t = \frac{1}{K} \frac{\Delta R_t}{R} = \frac{1}{K} \left[\alpha + K_s \left(\beta_m - \beta_s \right) \right] \Delta t \tag{4-19}$$

式中, K 为应变计的灵敏系数。应变计的热输出一般用温度每变化1℃时的输出应变值表示。

2. 热滞后

若应变计是在升温和降温情况下循环使用,则温度升高或降低时,应变计的升温热输出曲线和降温热输出曲线并不重合。即在某一温度下,升温的曲线和降温的曲线之间有差值,此差值即为应变计的热滞后。

4.3.4 应变计的其他特性

1. 应变计的电阻值

应变计的电阻值是指应变计在室温、未安装且不受力的情况下,测定的电阻值。应变计在制造后应逐个测量其电阻值(R),然后按电阻值的大小分类包装,并按照规定公差包装。包装单上标明该批应变计的平均名义电阻值及公差。

2. 应变计的机械滞后

在恒定温度下,对已安装的应变计,在增加和减小机械应变的过程中,同一机械应变下指示应变的差值,称为机械滞后。机械应变是指在机械荷载作用下试件产生的应变;指示应变是指从电阻应变仪读出的应变计的应变。应变计的机械滞后与应变计的敏感栅材料、基底黏结剂材料有关。

产生机械滞后的主要原因有:①黏结剂变质,或固化处理不当;②粘贴技术不佳,比如粘接层太厚;③基底材料性能差;④试件的残余应力及应变计敏感栅在制造和粘贴过程中产生的残余应力。

修正方法:对新贴的应变计,在正式测试前对构件进行三次以上的反复加载和卸载,可以减小机械滞后的影响。

3. 应变计的应变极限

应变计的应变极限是指在温度恒定时,对安装有应变计的试件逐渐加载,指示应变与被测构件真实应变的相对误差不超过一定数值(通常规定10%)时的最大真实应变值。

大多数敏感栅材料的灵敏系数在弹性范围内变化较小,故一般情况下,应变极限的大小主要取决于:①引线和敏感栅焊点的布置形式;②应变计的安装质量;③黏结剂和基底材料传递应变的性能。

4. 应变计的绝缘电阻

应变计的绝缘电阻是指敏感栅及引线与被测试件之间的电阻值。常温应变计的绝缘电阻一般高达 $500 \sim 1000 \mathrm{M\Omega}$,如果受潮会导致绝缘电阻下降,使应变计的指示应变比实际应变值小。中高温应变计由于黏结剂和基底材料在高温下绝缘性能变化,极限工作温度下绝缘电阻一般比较低,但性能较稳定,能正常进行测量。测定应变计绝缘电阻采用 15~100V 电压的兆欧表。

5. 应变计的零点漂移和蠕变

在温度恒定、试件没有机械应变的情况下，贴在试件上的应变计的指示应变随时间变化的现象叫零点漂移，简称零漂。衡量单位是 $\mu\varepsilon$/时间，例如 $\mu\varepsilon/h$、$\mu\varepsilon/min$、$\mu\varepsilon/s$ 等。

零漂的主要原因：应变计受潮使电容发生变化；绝缘电阻逐渐降低而产生漏电；电阻应变计通过电流使自身温度逐渐升高以及热电势等。

温度恒定时，试件在某一恒定的机械应变长时间作用下，贴在试件上的应变计的指示应变随时间发生变化的现象叫蠕变。用每小时所发生的最大虚假应变来说明蠕变的程度，也可用每小时的虚假应变占初始应变值的百分比来表示。

零漂和蠕变会给测量结果，尤其是长期测量的结果带来一定的误差，必要时要考虑修正。

6. 应变计的疲劳寿命

疲劳寿命是指已安装的应变计，在一定幅度的交变应变作用下，不发生机械或电器损坏，而且其指示应变与真实应变的差值不超过某一规定数值的应变循环次数。测定应变计的疲劳寿命时，规定交变应变的幅值为 $\pm1000\mu\varepsilon$。

4.4 应变计的粘贴和防护

4.4.1 应变计的黏结剂

应变计的黏结剂是应变计使用过程中的一个重要组成部分，黏结剂的传递性能直接影响测量精度和信号传递的稳定性，常见的黏结剂见表 4-2。

表 4-2 应变计黏结剂分类

种类	名称	用途
有机系应变计的黏结剂	氰基丙烯酸酯系	粘贴应变计（常温、应力测试）
	聚酯系	制作纸基应变计和箔式片基底
	聚氨酯系	粘贴应变计（-196~+40℃，应力测试）
	酚醛-缩醛系	箔式应变计基底（常温及一般传感器）
	酚醛系	箔式应变计基底及粘贴应变计（常温、应力传感器用）
	环氧树脂	箔式应变计基底及粘贴应变计（测试及传感器用）
	有机硅树脂系	粘贴应变计（中、高温应力测试）
	聚酰亚胺系	箔式应变计基底（中温、低温下应力测试及高精度传感器）
	合成橡胶系	粘贴应变计（大应变测试）
无机系应变计的黏结剂	硅酸盐系	粘贴应变计（400℃以上）
	磷酸盐系	粘贴应变计（高温应力测试，400~900℃）
	金属氧化物	粘贴高温应变计（喷涂）、（高温应力测试，动态1000℃）

4.4.2 应变计的黏结和防护

电阻应变计的粘贴工艺是应变测量中非常重要的环节，应变计粘贴的好坏直接影响应变测量的正确性。应变计的粘贴和防护步骤为：

1. 器材和工具的准备

常用的器材和工具有：黏结剂、试件、应变计、接线端子、万用表、导线、电烙铁、焊丝、松香、清洗溶剂、脱脂棉、砂纸、划线笔、钢板尺、镊子等。

2. 试件表面的准备

（1）打磨试件：若试件表面有油污，应采用丙酮等溶剂去除油污；若试件表面有铁锈，应采用砂纸将试件表面打磨至平滑，打磨时应转圈打磨或 ±45° 方向打磨。

（2）定位：在试件表面准备粘贴应变计的部位划出十字定位标记线，划线时要求不能在试件表面产生毛刺。

（3）表面清洁：用镊子夹脱脂棉球蘸丙酮，单方向擦洗试件待粘贴应变计部位，直至棉球保持清洁为止。

3. 应变计的准备

（1）目测检查敏感栅是否有锈斑、排列是否整齐、引出线是否牢固、固结敏感栅的胶层是否均匀无气泡等，剔除有缺陷的应变计。

（2）采用万用表逐个检测应变计的电阻值，检测是否有短路、断路情况，并按阻值分类，同一组应变计阻值相差不能超过 0.1Ω。注意在检测时应用镊子夹应变计的引线部位，不得碰触应变计的箔栅和基底。

4. 应变计的粘贴

（1）在应变计的基底涂一层薄而均匀的黏结剂。

（2）将应变计对准试件表面标记线，盖上聚氟乙烯薄膜，用拇指在薄膜上按压滚动，挤出应变计下的气泡和多余的黏结剂，保持 $1 \sim 2\text{min}$。

（3）用拇指压住薄膜，用镊子将应变计引线轻轻提起，准备焊导线。

5. 焊接导线

在应变计附近约 5mm 处粘贴接线端子，粘贴好后，用电烙铁在接线端子上挂锡，将应变计引线焊接在接线端子上，并将多余的引线剪掉。焊好后将导线沿试件用胶带或胶固定。

6. 检查电阻值

用万用表检测应变计单根导线与试件之间的绝缘电阻，最好在 $500\text{M}\Omega$ 以上，一般也应在 $100\text{M}\Omega$ 以上。

7. 电阻应变计的防护

受潮后应变计和黏结剂的绝缘电阻和黏结强度下降，影响应变计的测量精度，故安装后的应变计应采取适当的防潮措施。

（1）短期防潮措施：短期防潮可采用石蜡防护。将试件粘贴应变计部位用电烤灯或热风机加热到 40℃ 左右，同时将石蜡加热熔化并煮沸，然后冷却至约 40℃，然后涂在试件粘贴应变计部位，包括应变计表面、引线、接线端子与导线连接处等。涂层厚度应略超过导线直径。

（2）长期防潮措施：长期防潮可采用环氧树脂胶、硅橡胶等。先将应变计周围清洁，再用防护材料将应变计、接线端子覆盖。注意防护材料面积应比应变计面积大2倍以上。导线表面应清洁干净，确保与防护材料浸润结合。

（3）防护处理完成后，应检测应变计的电阻值和绝缘电阻值，并与处理前比较，应无变化。否则应检查原因，重新防护。

5 应变测量电路与仪器

应变电测方法是利用电阻应变计，将材料的应变转换为电阻变化，采用电阻应变仪测量出应变。由于材料的应变一般很小，因此采用测量电路将对 $\Delta R/R$ 的测量转换为电压或电流的测量。另外，电阻的变化不全部是由机械应变引起的，故最常用的测量电路是惠斯顿电桥。

5.1 测量电路

5.1.1 电压输出桥

虽然应变计是电阻元件，但当电桥供电是交流电源时，线间电容的影响不能忽略，因此桥臂不能看作是纯阻性的，这将使结果推导变得复杂。但直流电桥和交流电桥的基本原理相同，故仅分析直流电桥的工作原理。

供桥电压为直流电压的惠斯顿电桥如图 5-1 所示。

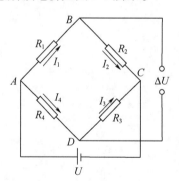

图 5-1　直流电压输出电桥

设电桥各桥臂电阻分别为 R_1、R_2、R_3、R_4；电桥的 A、C 为输入端，输入的直流电压为 U，B、D 为输出端，输出电压为 ΔU。电桥的输出端一般接到放大器的输入端，而放大器的输入阻抗一般 $> 10M\Omega$，则电桥的输出电流小到可以忽略不计，可认为电桥的输出端是开路的，故 $I_1 = I_2$。设 AC 间电压为 U，流经电阻 R_1 的电流 I_1 为

$$I_1 = \frac{U}{R_1 + R_2}$$

电阻 R_1 两端的电压降为

$$U_{AB} = I_1 R_1 = \frac{R_1}{R_1 + R_2} U$$

同理，R_4 两端的电压降为

$$U_{AD} = \frac{R_4}{R_3 + R_4} U$$

故电桥输出电压为

$$\Delta U = U_{AB} - U_{AD} = \left(\frac{R_1}{R_1 + R_2} - \frac{R_4}{R_3 + R_4} \right) U = \frac{R_1 R_3 - R_2 R_4}{(R_1 + R_2)(R_3 + R_4)} U \tag{5-1}$$

由式（5-1）可知，要使电桥平衡，各桥臂电阻须满足：

$$R_1 R_3 = R_2 R_4 \tag{5-2}$$

在应变测量中，测试前要将电桥调整平衡，使 $R_1 R_3 = R_2 R_4$，则输出电压 $\Delta U = 0$。当被测试件变形时，粘贴在试件上的应变计产生应变，电阻值发生变化，则电桥输出电压 $\Delta U \neq 0$。

当电桥的四个桥臂电阻都采用应变计，且都产生应变，电阻变化分别为 ΔR_1、ΔR_2、ΔR_3、ΔR_4，由式（5-1）可得：

$$\Delta U = \frac{(R_1 + \Delta R_1)(R_3 + \Delta R_3) - (R_2 + \Delta R_2)(R_4 + \Delta R_4)}{(R_1 + \Delta R_1 + R_2 + \Delta R_2)(R_3 + \Delta R_3 + R_4 + \Delta R_4)} U$$

由于 $\Delta R/R$ 的值一般很小（只有千分之几），故可忽略 $\Delta R/R$ 的二次项，且电桥初始时平衡，展开上式可得：

$$\Delta U = \frac{\dfrac{R_1 R_2}{(R_1 + R_2)^2} \left(\dfrac{\Delta R_1}{R_1} - \dfrac{\Delta R_2}{R_2} + \dfrac{\Delta R_3}{R_3} - \dfrac{\Delta R_4}{R_4} \right)}{1 + \dfrac{R_1}{R_1 + R_2} \left(\dfrac{\Delta R_1}{R_1} + \dfrac{\Delta R_4}{R_4} \right) + \dfrac{R_2}{R_1 + R_2} \left(\dfrac{\Delta R_2}{R_2} + \dfrac{\Delta R_3}{R_3} \right)} U$$

在等臂电桥中，桥臂电阻 $R_1 = R_2 = R_3 = R_4 = R$；在半等臂电桥中，$R_1 = R_2 = R'$，$R_3 = R_4 = R''$，且 $R' \neq R''$，上述两种方案均满足平衡条件，故上式可简化为：

$$\Delta U = \frac{\left(\dfrac{\Delta R_1}{R_1} - \dfrac{\Delta R_2}{R_2} + \dfrac{\Delta R_3}{R_3} - \dfrac{\Delta R_4}{R_4} \right)}{1 + \dfrac{1}{2} \left(\dfrac{\Delta R_1}{R_1} + \dfrac{\Delta R_2}{R_2} + \dfrac{\Delta R_3}{R_3} + \dfrac{\Delta R_4}{R_4} \right)} \frac{U}{4} \tag{5-3}$$

实际测试中，$\dfrac{\Delta R}{R}$ 的值一般很小（一般不超过千分之几），故分母中 $\sum \dfrac{\Delta R_i}{R_i}$ 可略去不计，则上式可进一步简化为

$$\Delta U = \frac{U}{4} \left(\frac{\Delta R_1}{R_1} - \frac{\Delta R_2}{R_2} + \frac{\Delta R_3}{R_3} - \frac{\Delta R_4}{R_4} \right)$$

由 $\dfrac{\Delta R}{R} = K\varepsilon$，上式可写为

$$\Delta U = \frac{KU}{4} (\varepsilon_1 - \varepsilon_2 + \varepsilon_3 - \varepsilon_4) \tag{5-4}$$

式中，ε_1、ε_2、ε_3、ε_4 分别为 R_1、R_2、R_3、R_4 所产生的应变值。

故应变仪的输出应变为：

$$\varepsilon_R = \frac{4\Delta U}{UK} = \varepsilon_1 - \varepsilon_2 + \varepsilon_3 - \varepsilon_4 \tag{5-5}$$

由式（5-5）可知，电桥有以下特性：两相邻桥臂上应变计的应变相减，两相对桥臂上应变计的应变相加。

式（5-5）和式（5-3）相比，分母中略去 $\sum \dfrac{\Delta R_i}{R_i}$，引入了相对误差。实际测量中，试件上不同测点的应变可能为正值或者负值，且根据电桥的特性，式（5-5）中各项相互抵消，误差很小。考虑最不利情况，只在 AB 桥臂上接入应变计，其他三个桥臂接固定电阻，此时的误差为：

$$e = \frac{1}{2}\frac{\Delta R_1}{R_1} = \frac{1}{2}k\varepsilon_1$$

一般应变计的灵敏系数 $k \approx 2$，故 $e \approx \varepsilon_1$。可以看出式（5-5）产生的误差很小。当应变 $\varepsilon_1 = 3000\mu\varepsilon$ 时，$e = 0.3\%$，故在一般应变范围内，式（5-5）满足精度要求。

5.1.2 全桥测量与半桥测量

全桥测量方法为电桥中四个桥臂全部接入电阻应变计（图5-2），半桥测量方法为将电桥中两个桥臂的应变计用标准电阻代替（图5-3），如图5-3中 $R_3 = R_4 = R$ 为标准电阻。

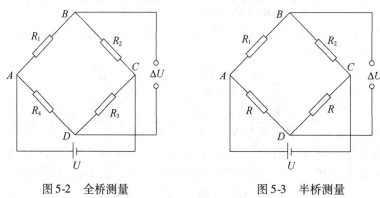

图 5-2　全桥测量　　　　　　　图 5-3　半桥测量

5.2　应变计接桥方法

5.2.1　温度补偿

应变测量时，被测构件和应变计所处环境有一定的温度，当环境温度变化时，由式（4-19）可知，应变计将产生热输出 ε_t，因此测量时的输出应变包含机械应变和由温度变化引起的应变。由实验可知，环境温度升高1℃，将产生几十个微应变，故在应变测量时必须消除温度产生的应变。

测量时应变计应变既有机械应变，又有环境温度变化产生的应变。由式（5-5）可知，若将两个应变计接入测量电桥的相邻桥臂，或者将四个应变计分别接入电桥的四个桥臂，若被测构件材料相同，应变计相同，环境温度相同，就可以消除 ε_t 的影响。这种温度补偿方法称为桥路补偿法，或称为温度补偿片法。桥路补偿法分为补偿块补偿法和工作片补偿法。

补偿块补偿法是将应变计粘贴在一个与被测试件材质相同但不受外力的补偿块上，并将该补偿块放置在测点附近，使其与工作应变计温度相同。在被测试件测点处粘贴应变计 R_1（工作应变计），接入 AB 桥臂，补偿块上的应变计 R_2（温度补偿应变计），接

入 BC 桥臂，在 AD、DC 桥臂接入固定电阻 R（图 5-4）。由式（5-5），在测量结果中可消除温度的影响。

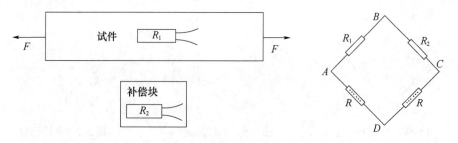

图 5-4　温度补偿

工作片补偿法是将同一被测试件上的几个工作应变计采用适当的接桥方式接入电桥，当测点环境温度变化时，每个应变计由温度产生的应变相同。由式（5-5），在测量结果中可消除温度的影响。该方式中工作应变计既感受机械应变，又起到温度补偿的作用。

5.2.2　电阻应变计在电桥中的接法

在应变测量中，可以根据电桥的基本特性和实验目的，采用不同的接线方法实现，包括：①温度补偿；②扩大应变仪读数，提高测量精度；③从组合变形中测出某一种变形对应的应变量。常用的几种电桥接线方法有：

1. 半桥接线法

半桥接线法是在测量电桥的相邻桥臂 AB、BC 桥上接应变计，另外两个桥臂接固定电阻的接线方法。实际测量中常用以下两种情况：

（1）单臂测量

单臂测量接线方法如图 5-5 所示，R_1 为工作应变计，R_2 为温度补偿应变计，R 为应变仪内部固定电阻。若 R_1 产生的机械应变为 ε_1，温度应变为 ε_t，由式（5-5）可知，应变仪的读数应变为：

$$\varepsilon_R = （\varepsilon + \varepsilon_t）- \varepsilon_t = \varepsilon$$

（2）半桥测量

半桥测量接线方法如图 5-6 所示，R_1 和 R_2 均为工作应变计，R 为应变仪内部固定电阻。若 R_1 产生的机械应变为 ε_1，温度应变为 ε_t，R_2 产生的机械应变为 ε_2，温度应变为 ε_t，由式（5-5）可知，应变仪的读数应变为：

$$\varepsilon_R = （\varepsilon_1 + \varepsilon_t）-（\varepsilon_2 + \varepsilon_t）= \varepsilon_1 - \varepsilon_2$$

2. 全桥接线法

全桥接线方法为在四个桥臂上全部接入电阻应变计。实际测量中常用以下两种情况：

（1）对臂测量

对臂测量接线方法如图 5-7 所示，两相对桥臂接工作应变计，另外两桥臂接温度补偿应变计。设 R_1 和 R_3 为工作应变计，R_2 和 R_4 为温度补偿应变计，若每个应变计产生的机械应变为 ε_i，温度应变为 ε_t，由式（5-5）可知，应变仪的读数应变为：

$$\varepsilon_R = (\varepsilon_1 + \varepsilon_t) - \varepsilon_t + (\varepsilon_3 + \varepsilon_t) - \varepsilon_t = \varepsilon_1 + \varepsilon_3$$

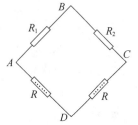

图 5-5　单臂测量

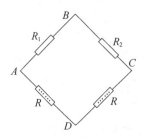

图 5-6　半桥测量

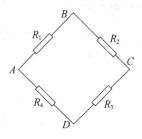

图 5-7　全桥测量

（2）全桥测量

全桥测量接线方法如图 5-7 所示，四个桥臂全部接工作应变计。若每个应变计产生的机械应变为 ε_i，温度应变为 ε_t，由式（5-5）可知，应变仪的读数应变为：

$$\varepsilon_R = (\varepsilon_1 + \varepsilon_t) - (\varepsilon_2 + \varepsilon_t) + (\varepsilon_3 + \varepsilon_t) - (\varepsilon_4 + \varepsilon_t) = \varepsilon_1 - \varepsilon_2 + \varepsilon_3 - \varepsilon_4$$

3. 串联接线法

串联接线法是在应变测量中，将 n 个应变计串联起来接入测量桥臂（图 5-8）。设在 AB 桥臂中串联了 n 个阻值均为 R 的应变计，当每个应变计的电阻阻值改变量分别为 $\Delta R_1'$、$\Delta R_2'$、…、$\Delta R_n'$ 时，

$$\varepsilon_1 = \frac{1}{K}\left(\frac{\Delta R_1}{R_1}\right) = \frac{1}{K}\left(\frac{\Delta R_1' + \Delta R_2' + \cdots + \Delta R_n'}{nR}\right) = \frac{1}{n}(\varepsilon_1' + \varepsilon_2' + \cdots + \varepsilon_n') \tag{5-6}$$

由式（5-6）可知：

（1）串联接线时桥臂的应变为该桥臂各个应变计应变值的算术平均值；

（2）当桥臂中各应变计产生的应变相同时，桥臂的应变等于串联的单个应变计的应变值；

（3）串联后桥臂的电阻增大，在限定电流的情况下，可以提高供桥电压，使应变仪读数应变增大。

4. 并联接线法

并联接线法是在应变测量中，将 n 个应变计并联起来接入测量桥臂（图 5-9）。设在 AB 桥臂中并联了 n 个阻值均为 R 的应变计，当每个应变计的电阻阻值改变量分别为 $\Delta R_1'$、$\Delta R_2'$、…、$\Delta R_n'$ 时，有：

$$\varepsilon_1 = \frac{1}{K}\left(\frac{\Delta R_1}{R_1}\right) = \frac{1}{n}\sum_{i=1}^{n}\varepsilon_i' = \frac{1}{n}(\varepsilon_1' + \varepsilon_2' + \cdots + \varepsilon_n') \tag{5-7}$$

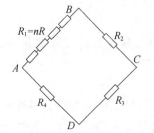

图 5-8　串联接线法

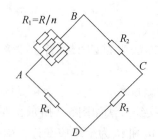

图 5-9　并联接线法

由式（5-7）可知：

（1）并联接线时桥臂的应变为该桥臂各个应变计应变值的算术平均值；

（2）当桥臂中各应变计产生的应变相同时，桥臂的应变等于并联的单个应变计的应变值；

（3）并联后桥臂的电阻减小，在通过应变计的电流不超过最大工作电流的条件下，对应的电桥的输出电流提高 n 倍，对直接用电流表或记录仪测量是有利的。

在实际应用中，在满足测量要求条件下，应根据具体情况和要求，灵活选择接桥方式，使接线方式尽可能简单且有较高的读数应变。

5.3 测量电桥的应用

构件在载荷作用下，某点处的应变可能是由多种内力产生的，在结构分析和强度计算中，有时需要确定某一种内力产生的应变值。但应变计本身不区分测量值中各应变的成分，故在应变测量中，必须根据测量目的，合理选择贴片位置、方位和贴片数量，利用电桥特性，合理地把应变计接入电桥，在测量结果中显示所需的应变，同时消除误差的影响。

例 1：测定如图 5-10（a）所示轴向拉伸杆件横截面上的正应力，给出应力 σ 与应变仪读数应变 ε_R 之间的关系。已知材料的弹性模量为 E，泊松比为 μ。

解：（1）方案一：采用单臂接线方式。如图 5-10（b）所示，R_1 为工作应变计，粘贴在试件轴向表面；R_2 为温度补偿应变计，粘贴在不受荷载作用的温度补偿块上。温度补偿块和受拉杆件材料相同，并处同一环境温度中。R_3 和 R_4 为应变仪内部固定电阻，且 $R_1 = R_2 = R_3 = R_4$。

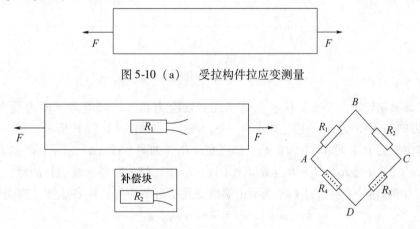

图 5-10（a） 受拉构件拉应变测量

图 5-10（b） 半桥接线方式

用 ε_F 表示由载荷引起的轴向应变，用 ε_T 表示由温度变化引起的应变，则四个桥臂的感受应变分别为：

$$\varepsilon_1 = \varepsilon_F + \varepsilon_T, \quad \varepsilon_2 = \varepsilon_T, \quad \varepsilon_3 = \varepsilon_4 = 0$$

由式（5-5），可得应变仪的读数应变为：

$$\varepsilon_R = \varepsilon_1 - \varepsilon_2 + \varepsilon_3 - \varepsilon_4 = \varepsilon_F$$

由胡克定律，横截面上的正应力为：

$$\sigma = E\varepsilon_R$$

（2）方案二：采用半桥接线方式。如图 5-10（c）所示，R_1 为沿轴向粘贴的应变计，R_2 为沿横向粘贴的应变计，R_3 和 R_4 为应变仪内部固定电阻，且 $R_1 = R_2 = R_3 = R_4$。则四个桥臂的感受应变分别为：

$$\varepsilon_1 = \varepsilon_F + \varepsilon_T, \quad \varepsilon_2 = -\mu\varepsilon_F + \varepsilon_T, \quad \varepsilon_3 = \varepsilon_4 = 0$$

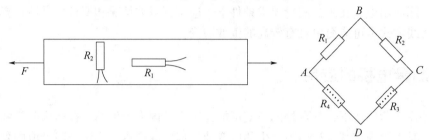

图 5-10（c）

由式（5-5），可得应变仪的读数应变为：

$$\varepsilon_R = \varepsilon_1 - \varepsilon_2 + \varepsilon_3 - \varepsilon_4 = （1 + \mu）\varepsilon_F$$

由胡克定律，横截面上的正应力为：

$$\sigma = \frac{E}{1 + \mu}\varepsilon_R$$

例 2：测定如图 5-11 所示扭转圆轴的最大切应力，给出最大切应力 τ_{max} 与应变仪读数应变 ε_R 之间的关系。已知材料的弹性模量为 E，泊松比为 μ。

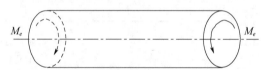

图 5-11　受扭构件切应力测量

解：圆轴扭转时，外表面任一点处于纯剪切应力状态，切应力 τ 即为最大切应力 τ_{max}。主方向为 $\pm 45°$ 方向，主应力 $\sigma_1 = -\sigma_3 = \tau_{max}$，如图 5-12（b）所示；沿 $-45°$ 方向粘贴工作应变计 R_1，沿 $45°$ 方向粘贴工作应变计 R_2，如图 5-12（a）所示；R_3 和 R_4 为应变仪内部固定电阻，且 $R_1 = R_2 = R_3 = R_4$。按图 5-12（c）接成半桥接线进行测量，用 ε_M 表示由外加力偶引起的应变，用 ε_T 表示由温度变化引起的应变，则各应变计应变为：

$$\varepsilon_1 = \varepsilon_M + \varepsilon_T, \quad \varepsilon_2 = -\varepsilon_M + \varepsilon_T, \quad \varepsilon_3 = \varepsilon_4 = 0$$

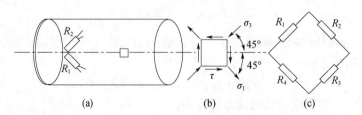

(a) (b) (c)

图 5-12　受扭构件切应力测量方案

应变仪的读数应变为：

$$\varepsilon_R = \varepsilon_1 - \varepsilon_2 + \varepsilon_3 - \varepsilon_4 = 2\varepsilon_M$$

由胡克定律，得：

$$\varepsilon_1 = \frac{1+\mu}{E}\sigma_1 = \frac{1+\mu}{E}\tau_{max}$$

则最大切应力 τ_{max} 与应变仪读数应变 ε_R 之间的关系为：

$$\tau_{max} = \frac{E}{2(1+\mu)}\varepsilon_R$$

例3：测定图 5-13 所示纯弯曲梁所受弯矩 M，并给出弯矩 M 与应变仪读数应变 ε_R 之间的关系。已知材料的弹性模量为 E，梁的抗弯截面系数为 W_Z。

图 5-13　受弯构件弯矩测量

解：应变计粘贴方案如图 5-14（a）所示，R_1 和 R_2 为工作应变计，采用半桥接线法，见图 5-14（b），R_3 和 R_4 为应变仪内部固定电阻，且 $R_1 = R_2 = R_3 = R_4$。

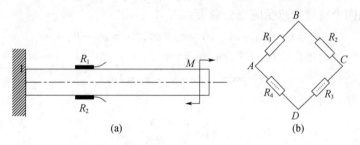

图 5-14　受弯构件弯矩测量方案

用 ε_M 表示梁上表面由弯矩产生的应变，ε_T 表示由温度变化引起的应变，则四个桥臂的感受应变分别为：

$$\varepsilon_1 = \varepsilon_M + \varepsilon_T, \quad \varepsilon_2 = -\varepsilon_M + \varepsilon_T, \quad \varepsilon_3 = \varepsilon_4 = 0$$

由式（5-5），可得应变仪的读数应变为：

$$\varepsilon_R = \varepsilon_1 - \varepsilon_2 + \varepsilon_3 - \varepsilon_4 = 2\varepsilon_M$$

由胡克定律和纯弯曲梁正应力计算公式，得：

$$\varepsilon_M = \frac{\sigma}{E} = \frac{M}{EW_Z}$$

可得弯矩 M 与应变仪读数应变 ε_R 之间的关系为：

$$M = \frac{EW_Z}{2}\varepsilon_R$$

例4：测定图 5-15（a）所示偏心拉伸构件的荷载 F 和偏心距 e，给出荷载 F 和偏心距 e 与应变仪读数应变之间的关系。已知材料的弹性模量为 E，构件横截面面积为 A，抗弯截面系数为 W_Z。

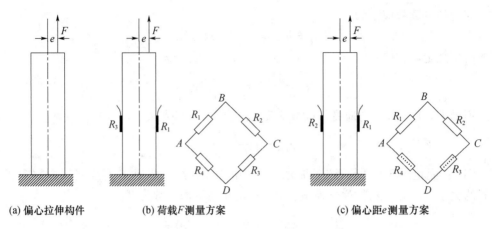

(a) 偏心拉伸构件　　　　　(b) 荷载F测量方案　　　　　　(c) 偏心距e测量方案

图 5-15　偏心拉伸构件测量方案

解： 构件为拉弯组合构件，其中轴力 $F_N = F$，弯矩 $M = Fe$。

（1）测量荷载 F：

应变计粘贴方案见图 5-15（b），采用全桥接线法，其中 R_1 和 R_3 为工作应变计，R_2 和 R_4 为温度补偿应变计，且 $R_1 = R_2 = R_3 = R_4$。

用 ε_F 表示由轴力产生的应变，用 ε_M 表示由弯矩产生的应变，ε_T 表示由温度变化引起的应变，则四个桥臂的感受应变分别为：

$$\varepsilon_1 = \varepsilon_F + \varepsilon_M + \varepsilon_T,\ \varepsilon_2 = \varepsilon_4 = \varepsilon_T,\ \varepsilon_3 = \varepsilon_F - \varepsilon_M + \varepsilon_T$$

由式（5-5），可得应变仪的读数应变为：

$$\varepsilon_R = \varepsilon_1 - \varepsilon_2 + \varepsilon_3 - \varepsilon_4 = 2\varepsilon_F$$

由胡克定律，得：

$$\varepsilon_F = \frac{\sigma_F}{E} = \frac{F}{EA}$$

可得荷载 F 与应变仪读数应变 ε_R 之间的关系：

$$F = \frac{EA}{2}\varepsilon_R$$

（2）测量偏心距 e：

应变计粘贴方案见图 5-15（c），采用半桥接线法，其中 R_1 和 R_2 为工作应变计，R_3 和 R_4 为温度补偿应变计，且 $R_1 = R_2 = R_3 = R_4$。则四个桥臂的感受应变分别为：

$$\varepsilon_1 = \varepsilon_F + \varepsilon_M + \varepsilon_T,\ \varepsilon_2 = \varepsilon_F - \varepsilon_M + \varepsilon_T,\ \varepsilon_3 = \varepsilon_4 = \varepsilon_T$$

由式（5-5），可得应变仪的读数应变为：

$$\varepsilon_R = \varepsilon_1 - \varepsilon_2 + \varepsilon_3 - \varepsilon_4 = 2\varepsilon_M$$

由胡克定律，得：

$$\varepsilon_M = \frac{\sigma_M}{E} = \frac{Fe}{EW_Z}$$

可得偏心距 e 与应变仪读数应变 ε_R 之间的关系：

$$e = \frac{EW_Z}{2F}\varepsilon_R$$

5.4 应变仪的种类

应变仪按照测量应变随时间变化快慢分为静态电阻应变仪和动态电阻应变仪两类。动态应变仪中还分出超动态电阻应变仪。

静态应变仪一般测量不随时间变化或随时间缓慢变化的应变。早期静态电阻应变仪靠手动转换测点，手动调整平衡和读数，近年生产的静态电阻应变仪可以自动调整平衡，自动转换测点，自动显示监测和打印、存储，并可测量电压、温度等多种参数，称为数据采集仪或应变数字测量系统。

动态电阻应变仪一般测量随时间变化迅速的应变。由多通道模拟信号输出发展到数字动态应变仪和数字动态数据采集系统。表 5-1 列出部分国产静、动态应变测量仪器信息，表 5-2 列出部分国外静、动态应变测量仪器信息。

表 5-1 国产静、动态应变测量仪器

型号	量程	分辨率	灵敏系数	稳定性	通道数	类别
MYJ-1	$\pm 20000\mu\varepsilon$	$\pm 1\mu\varepsilon$	$1.00 \sim 2.99$	$\pm 3\mu\varepsilon/4h$	12，可扩展至 96	静态
DH3816N	$\pm 19999\mu\varepsilon$	$\pm 1\mu\varepsilon$	$1.00 \sim 3.00$	$\pm 4\mu\varepsilon/4h$	36，可扩展至上千	静态
CM-2B	$\pm 19999\mu\varepsilon$	$\pm 1\mu\varepsilon$	$1.00 \sim 3.00$	$\pm 3\mu\varepsilon/4h$	64	静态
CS-1D	$\pm 30000\mu\varepsilon$	$0 \sim 2.5MHz$	2.00	$\pm 1\mu\varepsilon/2h$	8	动态
YD-28	$\pm 10000\mu\varepsilon$	$0 \sim 2000Hz$	2.00	$\pm 0.5\mu\varepsilon/2h$	6	动态
DH8302	$\pm 10000\mu\varepsilon$	$0 \sim 100kHz$	2.00	$\pm 0.1\mu\varepsilon/d$	32	动态

表 5-2 国外静、动态应变测量仪器

名称	型号	特点	生产商
数据采集仪	TDS303	接扫描箱可达 1000 点，精度 $\pm 0.05\%$，数显打印存盘	日本 TML
数据采集仪	TDS630	接扫描箱可达 1000 点，精度 $\pm 0.05\%$，数显彩屏有硬盘	日本 TML
高速数据采集仪	THS-1100	接扫描箱可达 1000 点，精度 $\pm 0.1\%$，每秒 1000 点，接电脑	日本 TML
数据采集系统	Data System 6000	最多 1200 点，接应变计、传感器等，接电脑	美国 Vishay
动态应变仪	SDA830	交流载波，频响 $0 \sim 10kHz$，8 通道，$\pm 25000\mu\varepsilon$	日本 TML
超动态应变仪	DC-97A	直流供桥，$0 \sim 500kHz$，$\pm 100000\mu\varepsilon$	日本 TML

6 静、动态应变测量

本章介绍静、动态应变测量的一般步骤、测量过程中影响测量精度的若干因素和动态应变测量的信号处理方法。

6.1 静态应变测量

常温下构件的应变测量随载荷变化情况分为静态和动态应变测量两种情况,当载荷不变或变化缓慢时,构件的应变也随时间不变或缓慢变化,这种情况属于静态应变测量。静态应变测量的目的通常有以下几种:

(1) 研究构件的应变分布规律;

(2) 研究构件的强度问题;

(3) 研究构件某局部位置的应力集中;

(4) 研究构件所受载荷。

根据不同的测量目的,可实施不同的测量方案和步骤。

6.1.1 静态应变测量的一般步骤

静态应变测量的一般步骤如下:

1. 明确测量目的,选择测点位置,确定应变计粘贴方案

这是应变测量的总体设计工作。测量目的决定了测点位置的选择。如果要获得构件上的应力分布资料,就需要在构件表面沿某一方向相继贴若干应变计,在估计应力变化比较剧烈的地方贴片应适当加密。如果要检验构件的强度储备,则只要选择应力可能为最大的几个点进行测量。如果要研究构件截面突变处的应力集中问题,则测点要在局部位置密集连续布置。如果要研究某一构件所受的载荷情况,则要沿构件某一截面的四周贴片。在测点位置疑虑不定时,可借鉴类似构件的计算或实验资料或辅以其他实验方法(例如脆性涂层法)来决定。

决定应变计粘贴方案时,要考虑测点的应力状态、构件的受载情况和温度补偿的原则。单向应力状态测点只需粘贴一个工作应变计,主方向已知的双向应力状态测点需粘贴两个工作应变计,而主方向未知时,则需在一点粘贴三个工作应变计或采用应变花。当构件受拉、弯、扭的不同载荷时,要根据测试要求来决定应变计的接桥方法,以便在测量结果中消除不需要的载荷影响。在温度沿构件表面变化不大的测试中,可以考虑将测点按位置分组,同一组的工作片共用一个贴在附近的温度补偿应变计。

2. 选择应变计和测量仪器,进行必要的性能检测

这是应变测量的实验室准备工作。要根据被测构件的几何尺寸、材质(例如混凝土或金属)和应力梯度的大小来选择应变计的栅长;根据用途和测试要求来选择应变计的

种类和型号。

应变仪的选择，要考虑测量正确度要求和测点数目，在野外测量时还要注意便携性和电源问题。

对选定的应变计要检查其电阻值，并按阻值分组使用（同一桥路中各应变计阻值相差不超过 ±0.2Ω）。要对应变计灵敏系数进行抽样检查，并检测应变仪的特性，做到对这些工具的误差范围有确切的数据。

3. 贴片、布线、防护和线路检查

这是应变测量的现场准备工作。应变计粘贴工艺的好坏在相当大的程度上影响测量精度和正确性。要根据应变计基底的要求选用合适的黏结剂，严格按规定的工艺操作和固化。要仔细观察在基底下有无气泡和粘贴方位是否正确，对不合要求的应变计必须铲除，重新粘贴。

测量导线的布置，要考虑导线电阻、温度变化和分布电容等可能造成的影响，力求做到同一桥路的应变计的导线长度相等并沿途固定在一起。要注意避开电磁场的干扰或采取屏蔽措施。

应变计粘贴后，要根据需要进行机械防护和防潮处理。

在测量导线和应变计焊接后，要从测量导线接应变仪的一端，检验应变计电阻和对金属构件的绝缘电阻，同时核对测量导线的编号与应变计粘贴位置是否相符。

4. 应变仪调试和加载测量

这是获得测试数据的实测过程。将全部测量导线与应变仪接好，对所有测点进行预调平衡，失衡严重时可采取并联固定电阻的应急措施。摇动测量导线，看应变仪输出有无明显的晃动，以判断测量导线及接线头有无问题。在逐点试调平衡时，可用手触摸相应的应变计，以手指温度使应变计受热，观察应变仪应有的反应，以此进一步检查编号与粘贴位置有无错误，并可观察应变计反应的正负方向是否正确。

在一切准备工作确认无误后，在可能情况下应进行预加载三次，然后正式加载并记录测量读数。

5. 分析测量数据的规律性和改进试验

这是对整个测试工作的检查。在多次重复加载的情况下，测试数据应有较好的重复性，数据随载荷的变化有明显的规律性。在重复性和规律性有疑问时，要检查和改进试验的各个环节（包括加载是否正确在内）。要确认数据可靠后，测试才可结束。

6.1.2 应变计栅长选择

应变计是以其栅长范围内的平均应变来代替这一长度内某点的应变的，其误差取决于栅长的大小和应变沿构件表面的变化率。设应变计栅长 L 范围内应变分布的规律可用一个多项式表示：

$$\varepsilon_x = c_0 + c_1 x + c_2 x^2 + c_3 x^3 + \cdots$$

当 c_1，c_2，…等于 0 时，ε_x 是均匀应变；当 c_2，c_3，…等于 0 时，ε_x 呈线性变化；类似推演，ε_x 可以是呈二次变化、三次变化等。当用栅长 L 内的平均应变代替中点 M 的应变时，显然只有均匀应变和应变呈线性变化的情况不会引入误差。对于应变呈二次变化的情况，在 L 内的平均应变为：

$$\varepsilon_a = \frac{\int_0^L (c_0 + c_1 x + c_2 x^2)\,\mathrm{d}x}{L} = c_0 + \frac{c_1}{2}L + \frac{c_2}{3}L^2$$

而中点 M 的应变为:

$$\varepsilon_M = c_0 + \frac{c_1}{2}L + \frac{c_2}{4}L^2$$

平均应变与中点应变之差为:

$$\Delta\varepsilon = \varepsilon_a - \varepsilon_M = \frac{c_2}{12}L^2$$

从上式可见,误差的大小与栅长 L 和系数 c_2 有关,栅长值越大或应变变化越剧烈时,误差也越大。对于按三次或三次以上规律分布的应变,次数越高误差越大。所以对于应变分布变化比较剧烈的区域,如应力集中区的测点,应选用栅长小的应变计。而对于均匀的或变化不太剧烈的应变场,如纯弯曲、简单拉压构件上的测点,可选用栅长稍大的应变计,它易于贴准方位,并且横向效应小。

对于非均质材料的构件,则须根据材料的不均匀程度来选择应变计栅长。如混凝土构件,由于石子和水泥的弹性模量相差较大,变形极不均匀,故应变计应有足够的栅长,以测出一定长度内的平均应变(在测点附近的一定范围内,还要用环氧树脂类的涂料填补混凝土的空隙)。为使材料均匀性差而造成的误差小于 5%,应变计栅长至少应比骨料(如石子)直径大 3~4 倍。

6.1.3 贴片方位和应力应变换算

一个测点上的贴片数和方位问题,由该点的应力状态而定。

如能明确判定测点是单向应力状态,则只要沿应力方向贴一个工作应变计就够了。对于在构件棱边的测点,无论其他处的应力状态多么复杂,这一类测点却永远处于主方向平行于棱边的单向应力状态,在测试中可注意利用。测得主应变后,测点的应力由单向应力状态的胡克定律决定:

$$\sigma = E\varepsilon$$

若某一点处于双向应力状态,其应力-应变的关系为:

$$\sigma_x = \frac{E}{1-\mu^2}(\varepsilon_x + \mu\varepsilon_y)$$

$$\sigma_y = \frac{E}{1-\mu^2}(\varepsilon_y + \mu\varepsilon_x) \tag{6-1}$$

$$\tau_{xy} = G\gamma_{xy}$$

如果主方向已知,则可令式(6-1)中 $\varepsilon_x = \varepsilon_1$,$\varepsilon_y = \varepsilon_2$,$\gamma_{xy} = 0$,可得:

$$\sigma_1 = \frac{E}{1-\mu^2}(\varepsilon_1 + \mu\varepsilon_2)$$

$$\sigma_2 = \frac{E}{1-\mu^2}(\varepsilon_2 + \mu\varepsilon_1) \tag{6-2}$$

可见,一个双向应力状态的点,当主方向已知时,必须用两个工作应变计,沿两个主方向粘贴,测得两个主应变 ε_1 和 ε_2,才能算出主应力。

如果主方向无法预先判定，则从式（6-1）可知，必须有三个独立的数据才能确定该点的应力状态，也就是要在该点上沿不同的方向贴三个工作应变计才行。如图 6-1 所示，某点处于主方向未知的双向应力状态，设沿任意的三个方向 θ_1、θ_2 和 θ_3 三个工作片，测出三个方向的应变 ε_{θ_1}、ε_{θ_2} 和 ε_{θ_3}，则根据弹性力学知识，有：

$$\varepsilon_{\theta_i} = \frac{\varepsilon_x + \varepsilon_y}{2} + \frac{\varepsilon_x - \varepsilon_y}{2}\cos2\theta_i + \frac{\gamma_{xy}}{2}\sin2\theta_i \qquad (i = 1, 2, 3)$$

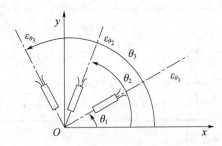

图 6-1　主应力方向未知时的应变计粘贴

可解出三个未知 ε_x、ε_y 和 γ_{xy}，进一步可求出主应变 ε_1、ε_2 和主方向与 x 轴的夹角 φ：

$$\varepsilon_{1,2} = \frac{\varepsilon_x + \varepsilon_y}{2} \pm \sqrt{(\varepsilon_x - \varepsilon_y)^2 + \gamma_{xy}^2}$$

$$\varphi = \frac{1}{2}\arctan\frac{\gamma_{xy}}{\varepsilon_x - \varepsilon_y} \tag{6-3}$$

将主应变 ε_1 和 ε_2 代入式（6-2），即可求得主应力。

　　实际上，为了简化计算，三个应变计与 x 轴的夹角 θ_1、θ_2 和 θ_3 总是选取特殊角，例如 0°，45°，90°或 0°，60°，120°，并且将三个敏感栅制在同一基底上，形成应变花。应变花由于采取了特殊角布置方式，其计算公式就标准化了，见表 6-1。在有大量测点的试验中，为从应变花的数据计算主应力及主方向，可以编制简单的程序，用计算机快速完成计算。

表 6-1　应变花计算公式

简图	主应变和主应力计算公式
90°　45°　0°	$\varepsilon_x = \varepsilon_0 \quad \varepsilon_y = \varepsilon_{90} \quad \gamma_{xy} = (\varepsilon_0 - \varepsilon_{45}) - (\varepsilon_{45} - \varepsilon_{90})$ $\varepsilon_{1,2} = \dfrac{\varepsilon_0 + \varepsilon_{90}}{2} \pm \dfrac{1}{\sqrt{2}}\sqrt{(\varepsilon_0 - \varepsilon_{90})^2 + (\varepsilon_{45} + \varepsilon_{90})^2}$ $\tan2\alpha_0 = [(\varepsilon_{45} - \varepsilon_{90}) - (\varepsilon_0 - \varepsilon_{45})] / [(\varepsilon_{45} - \varepsilon_{90}) + (\varepsilon_0 - \varepsilon_{45})]$ $\sigma_{1,2} = \dfrac{E}{1-\mu^2}\left[\dfrac{1+\mu}{2}(\varepsilon_0 + \varepsilon_{90}) \pm \dfrac{1-\mu}{\sqrt{2}}\sqrt{(\varepsilon_0 - \varepsilon_{45})^2 + (\varepsilon_{45} - \varepsilon_{90})^2}\right]$
60°　120°　0°	$\varepsilon_x = \varepsilon_0 \quad \varepsilon_y = \dfrac{1}{3}[2(\varepsilon_{60} + \varepsilon_{120}) - \varepsilon_0] \quad \gamma_{xy} = \dfrac{2}{\sqrt{3}}(\varepsilon_{120} - \varepsilon_{60})$ $\varepsilon_{1,2} = \dfrac{\varepsilon_0 + \varepsilon_{60} + \varepsilon_{90}}{3} \pm \dfrac{\sqrt{2}}{3}\sqrt{(\varepsilon_0 - \varepsilon_{60})^2 + (\varepsilon_{60} - \varepsilon_{120})^2 + (\varepsilon_{120} - \varepsilon_0)^2}$ $\tan2\alpha_0 = \sqrt{3}[(\varepsilon_0 - \varepsilon_{120}) - (\varepsilon_0 - \varepsilon_{60})] / [(\varepsilon_0 - \varepsilon_{120}) + (\varepsilon_0 - \varepsilon_{60})]$ $\sigma_{1,2} = \dfrac{E}{1-\mu^2}\left[\begin{array}{c}\dfrac{1+\mu}{3}(\varepsilon_0 + \varepsilon_{60} + \varepsilon_{120}) \pm \\ \dfrac{\sqrt{2}(1-\mu)}{3}\sqrt{(\varepsilon_0 - \varepsilon_{60})^2 + (\varepsilon_{60} - \varepsilon_{120})^2 + (\varepsilon_{120} - \varepsilon_0)^2}\end{array}\right]$

续表

简图	主应变和主应力计算公式
 90° 45° 135° 0°	$\varepsilon_x = \varepsilon_0 \quad \varepsilon_y = \varepsilon_{90} \quad \gamma_{xy} = \varepsilon_{135} - \varepsilon_{45}$ $\varepsilon_{1,2} = \dfrac{\varepsilon_0 + \varepsilon_{90}}{2} \pm \dfrac{1}{2}\sqrt{(\varepsilon_0 - \varepsilon_{90})^2 + (\varepsilon_{45} - \varepsilon_{135})^2}$ $\tan 2\alpha_0 = (\varepsilon_{45} - \varepsilon_{135}) / (\varepsilon_0 - \varepsilon_{90})$ $\sigma_{1,2} = \dfrac{E}{1-\mu^2}\left[\dfrac{1+\mu}{2}(\varepsilon_0 + \varepsilon_{90}) \pm \dfrac{1-\mu}{2}\sqrt{(\varepsilon_0 - \varepsilon_{90})^2 + (\varepsilon_{45} - \varepsilon_{135})^2}\right]$
 60° 120° 90° 0°	$\varepsilon_x = \varepsilon_0 \quad \varepsilon_y = \varepsilon_{90} \quad \gamma_{xy} = \dfrac{2}{\sqrt{3}}(\varepsilon_{120} - \varepsilon_{60})$ $\varepsilon_{1,2} = \dfrac{\varepsilon_0 + \varepsilon_{90}}{2} \pm \dfrac{1}{2}\sqrt{(\varepsilon_0 - \varepsilon_{90})^2 + \dfrac{4}{3}(\varepsilon_{60} - \varepsilon_{120})^2}$ $\tan 2\alpha_0 = 2(\varepsilon_{60} - \varepsilon_{120}) / \sqrt{3}(\varepsilon_0 - \varepsilon_{90})$ $\sigma_{1,2} = \dfrac{E}{1-\mu^2}\left[\dfrac{1+\mu}{2}(\varepsilon_0 + \varepsilon_{90}) \pm \dfrac{1-\mu}{2}\sqrt{(\varepsilon_0 - \varepsilon_{90})^2 + \dfrac{4}{3}(\varepsilon_{60} - \varepsilon_{120})^2}\right]$

应变花在测量时的使用原则是：

（1）三片45°应变花适用于主方向大致知道的情况，将互相垂直的两片沿估计的主方向粘贴，它对贴片方位不准的误差不甚敏感，比其他应变花所得结果较为正确。

（2）三片60°应变花主要用于主方向无法估计的情况，此时三个测量方向均匀分布，使得由角度误差产生的测量结果误差较小。

此外，为了校核测量结果的准确性，可使用四片式应变花。四片式应变花的四个测量读数之间有如下关系。

四片45°应变花：

$$\varepsilon_0 + \varepsilon_{90} = \varepsilon_{45} + \varepsilon_{135}$$

四片60°～90°应变花：

$$\varepsilon_0 + 3\varepsilon_{90} = 2(\varepsilon_{60} + \varepsilon_{120})$$

可利用多余的一个应变读数来校验其他三个读数的准确性。

6.1.4　应变计粘贴方位的误差分析

应变计粘贴过程中，很难保证粘贴方位和预定贴片方位完全重合，应变计粘贴后的方位如果与要求的方向不重合，会带来测量误差。

如图6-2所示，设主应变为ε_1和ε_2，预定粘贴方向和主方向ε_1间的夹角为φ，实际粘贴方向和主方向ε_1间的夹角为φ'，贴片的角度误差为$\Delta\varphi = \varphi' - \varphi$，沿预定粘贴方向的应变为：

$$\varepsilon_\varphi = \frac{\varepsilon_1 + \varepsilon_2}{2} + \frac{\varepsilon_1 - \varepsilon_2}{2}\cos 2\varphi$$

实际粘贴方向上的应变为：

$$\varepsilon'_\varphi = \frac{\varepsilon_1 + \varepsilon_2}{2} + \frac{\varepsilon_1 - \varepsilon_2}{2}\cos 2(\varphi + \Delta\varphi)$$

测量误差为：

$$\Delta\varepsilon_\varphi = \varepsilon_\varphi - \varepsilon'_\varphi = \frac{\varepsilon_1 - \varepsilon_2}{2}\left[\cos 2\varphi - \cos 2(\varphi + \Delta\varphi)\right] \tag{6-4}$$

$$= (\varepsilon_1 - \varepsilon_2)\sin(2\varphi + \Delta\varphi)\sin\Delta\varphi$$

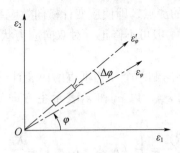

图 6-2　应变计粘贴方位误差影响

由上式可知，测量误差不仅与 $\Delta\varphi$ 有关，还与预定粘贴方向和主方向 ε_1 间的夹角为 φ 有关。在 $\Delta\varphi$ 相同的情况下，若预定贴片方位和主方向重合，当 $\varphi=0°$ 或 90°时，误差最小；当 $\varphi<45°$时，φ 越大，误差越大。

例：单向应力状态下，预测量主应变 ε_1。材料泊松比为 μ，应变计沿主方向粘贴，即 $\varphi=0°$，$\varepsilon_2=-\mu\varepsilon_1$。试分析由应变计粘贴角度误差引起的测量误差。

解：由式（6-4）得：

$$\Delta\varepsilon_\varphi = (1+\mu)\varepsilon_1\sin^2\Delta\varphi$$

相对误差 e_φ 为：

$$e_\varphi = \frac{\Delta\varepsilon_\varphi}{\varepsilon_\varphi} = (1+\mu)\sin^2\Delta\varphi$$

若泊松比 $\mu=0.3$，$\Delta\varphi=5°$，可得 $e_\varphi=0.98\%$。

若在同样条件下，预定测量 45°方向的应变，即 $\varphi=45°$时，则：

$$\varepsilon_{45} = \frac{\varepsilon_1+\varepsilon_2}{2} = \frac{1-\mu}{2}\varepsilon_1$$

$$\Delta\varepsilon_\varphi = \frac{1}{2}(1+\mu)\varepsilon_1\sin2\Delta\varphi$$

相对误差 e_φ 为：

$$e_\varphi = \frac{\Delta\varepsilon_\varphi}{\varepsilon_{45}} = \frac{1+\mu}{1-\mu}\sin2\Delta\varphi$$

若泊松比 $\mu=0.3$，$\Delta\varphi=5°$，可得 $e_\varphi=32.2\%$。

可以看出，在夹角 φ 较大的情况下，粘贴角度偏差会产生很大的测量误差。

在平面应力状态下，若 $\varepsilon_2=-\varepsilon_1$，则有：

$$\Delta\varepsilon_\varphi = 2\varepsilon_1\sin(2\varphi+\Delta\varphi)\sin\Delta\varphi$$

$$e_\varphi = \frac{\Delta\varepsilon_\varphi}{\varepsilon_\varphi} = \frac{2\sin(2\varphi+\Delta\varphi)\sin\Delta\varphi}{\cos2\varphi}$$

若 $\varphi=0°$，$\Delta\varphi=5°$时，可得 $e_\varphi=1.5\%$。

若 $\varphi=30°$，$\Delta\varphi=5°$时，可得 $e_\varphi=31.5\%$。

可以看出，无论是单向应力状态还是平面应力状态，预定粘贴方向与主方向夹角 φ 越大，角度偏差产生的误差越大。

6.1.5　横向效应的影响

应变计横向效应系数 H 是横向灵敏系数 K_B 和轴向灵敏系数 K_L 的比值，一般应变计

的 $H < 2\%$。对单向应力状态的测点，即使应变计横向效应系数达 5%，所得应变读数误差也不大于 1%，影响较小，一般可不修正。对双向应力状态的测点，横向效应会产生较大的影响，一般需要修正。

当主方向已知时，沿主方向贴两个互相垂直的应变计（直角应变花），测得沿两个主方向的应变仪读数为 ε_{d1} 和 ε_{d2}，以 ε_1 和 ε_2 表示主方向的真实应变，由应变电阻效应，有：

$$\varepsilon_{d1} = \frac{(\Delta R/R)_1}{K} = \frac{1}{K}(K_L\varepsilon_1 + K_B\varepsilon_2) = \frac{K_L}{K}(\varepsilon_1 + H\varepsilon_2)$$

$$\varepsilon_{d2} = \frac{(\Delta R/R)_2}{K} = \frac{K_L}{K}(\varepsilon_2 + H\varepsilon_1) \tag{6-5}$$

式中，K 为电阻应变计灵敏系数，在单向应力梁上可测得 $\varepsilon_2 = -\mu_0\varepsilon_1$，其中 μ_0 为梁材料的泊松比。故应变计的 K 和轴向灵敏系数 K_L 有如下关系：

$$K = K_L(1 - \mu_0 H) \tag{6-6}$$

将式（6-6）代入式（6-5）得：

$$\varepsilon_{d1} = \frac{1}{1 - \mu_0 H}(\varepsilon_1 + H\varepsilon_2)$$

$$\varepsilon_{d2} = \frac{1}{1 - \mu_0 H}(\varepsilon_2 + H\varepsilon_1)$$

由上式可得实际应变为：

$$\varepsilon_1 = \frac{1 - \mu_0 H}{1 - H^2}(\varepsilon_{d1} - H\varepsilon_{d2})$$

$$\varepsilon_2 = \frac{1 - \mu_0 H}{1 - H^2}(\varepsilon_{d2} - H\varepsilon_{d1})$$

由于 $H \ll 1$，H^2 与 1 相比可忽略不计，可得实际应变考虑横向效应系数的修正公式：

$$\varepsilon_1 = (1 - \mu_0 H)(\varepsilon_{d1} - H\varepsilon_{d2})$$

$$\varepsilon_2 = (1 - \mu_0 H)(\varepsilon_{d2} - H\varepsilon_{d1}) \tag{6-7}$$

由式（6-7）可以看出，当 $\varepsilon_{d1} < \varepsilon_{d2}$ 时，ε_1 受 ε_{d2} 的影响较小，ε_2 受 ε_{d1} 的影响较大。

当主应力方向未知且使用 $45°$ 应变花时，由式（6-7）可得 $0°$、$90°$ 方向应变为：

$$\varepsilon_0 = (1 - \mu_0 H)(\varepsilon_{d0} - H\varepsilon_{d90})$$

$$\varepsilon_{90} = (1 - \mu_0 H)(\varepsilon_{d90} - H\varepsilon_{d0}) \tag{6-8}$$

在 $135°$ 方向虚设一个应变计，同理由式（6-7）可得：

$$\varepsilon_{45} = (1 - \mu_0 H)(\varepsilon_{d45} - H\varepsilon_{d135})$$

$$\varepsilon_{135} = (1 - \mu_0 H)(\varepsilon_{d135} - H\varepsilon_{d45}) \tag{6-9}$$

由弹性理论的应变不变量公式可知：

$$\varepsilon_0 + \varepsilon_{90} = \varepsilon_{45} + \varepsilon_{135}$$

将上式代入式（6-9），消去 ε_{135}，结合式（6-8）可得：

$$\varepsilon_{45} = (1 - \mu_0 H)[(1 + H)\varepsilon_{d45} - H(\varepsilon_{d0} - H\varepsilon_{d90})]$$

即

$$\varepsilon_0 = (1 - \mu_0 H)(\varepsilon_{d0} - H\varepsilon_{d90})$$
$$\varepsilon_{90} = (1 - \mu_0 H)(\varepsilon_{d90} - H\varepsilon_{d0}) \tag{6-10}$$
$$\varepsilon_{45} = (1 - \mu_0 H)[(1 + H)\varepsilon_{d45} - H(\varepsilon_{d0} - H\varepsilon_{d90})]$$

按类似方法推导，其他角度的应变花修正公式参考表6-2。

表6-2 应变花考虑横向效应的修正公式

应变花类型	修正公式
90° 0°	$\varepsilon_0 = (1 - \mu_0 H)(\varepsilon_{d0} - H\varepsilon_{d90})$ $\varepsilon_{90} = (1 - \mu_0 H)(\varepsilon_{d90} - H\varepsilon_{d0})$
90° 45° 0°	$\varepsilon_0 = (1 - \mu_0 H)(\varepsilon_{d0} - H\varepsilon_{d90})$ $\varepsilon_{90} = (1 - \mu_0 H)(\varepsilon_{d90} - H\varepsilon_{d0})$ $\varepsilon_{45} = (1 - \mu_0 H)[(1 + H)\varepsilon_{d45} - H(\varepsilon_{d0} - H\varepsilon_{d90})]$
60° 120° 0°	$\varepsilon_0 = (1 - \mu_0 H)[\varepsilon_{d0} - H(\varepsilon_{d60} + \varepsilon_{d120})]$ $\varepsilon_{60} = (1 - \mu_0 H)[\varepsilon_{d60} - H(\varepsilon_{d120} + \varepsilon_{d0})]$ $\varepsilon_{120} = (1 - \mu_0 H)[\varepsilon_{d120} - H(\varepsilon_{d0} + \varepsilon_{d60})]$
90° 45° 135° 0°	$\varepsilon_0 = (1 - \mu_0 H)(\varepsilon_{d0} - H\varepsilon_{d90})$ $\varepsilon_{90} = (1 - \mu_0 H)(\varepsilon_{d90} - H\varepsilon_{d0})$ $\varepsilon_{45} = (1 - \mu_0 H)(\varepsilon_{d45} - H\varepsilon_{d135})$ $\varepsilon_{135} = (1 - \mu_0 H)(\varepsilon_{d135} - H\varepsilon_{45})$
60° 120° 90° 0°	$\varepsilon_0 = (1 - \mu_0 H)(\varepsilon_{d0} - H\varepsilon_{d90})$ $\varepsilon_{90} = (1 - \mu_0 H)(\varepsilon_{d90} - H\varepsilon_{d0})$ $\varepsilon_{60} = (1 - \mu_0 H)[(1 + H)\varepsilon_{d60} - H(\varepsilon_{d0} + H\varepsilon_{d90})]$ $\varepsilon_{120} = (1 - \mu_0 H)[(1 + H)\varepsilon_{d120} - H(\varepsilon_{d0} + H\varepsilon_{d90})]$

6.1.6 环境温度和湿度的影响

1. 温度的影响

由应变计的特性可知，应变计粘贴到构件上后，当环境温度变化为 ΔT 时，一般应变计会产生热输出 ε_T。为了减小热输出，可采用温度自补偿应变计或采用线路补偿法消除温度影响。同时，还须考虑温度对导线的影响，须保持测量应变计和补偿应变计的导线具有相同规格和长度，并处于相同温度环境（若相差 1℃，导线电阻为应变计电阻的 1% 时，引起的附加热输出约为 $20\mu\varepsilon$）。

测点较多时，需考虑补偿应变计的使用限制。金属构件散热性较好，一个补偿应变计可补偿 5~10 个测量应变计；对于导热较差的构件，应采用温度自补偿应变计及专门的循环温度补偿措施。

2. 湿度的影响

环境湿度对应变测量带来不利影响。环境湿度过大会使应变计和构件间黏结强度下降，降低胶层应变传递能力。另外，湿度过大会引起应变计绝缘电阻下降，造成应变读数误差过大。为避免环境湿度的影响，实际测试中应采取有效的防潮措施，如采用石蜡、凡士林、环氧树脂等将湿气和应变计及其引线完全隔离。

6.1.7　长导线的影响

应变测试中有时要对大尺寸构件进行测量，或者由安全角度考虑测试仪器和被测构件间需要保持很大距离时，就需要用很长的导线将应变计和测量仪器连接。此时导线电阻 R_L 和应变计电阻 R 相比不可忽略，导线电阻 R_L 相当于增大了桥臂的初始电阻值，故它将使桥臂电阻变化率发生改变。

设应变计用两根导线连接到测量仪器，单根导线电阻为 R_L，由应变电测原理可得：

$$\frac{\Delta R}{R} = K\varepsilon$$

实测应变 ε_d 与应变计本身电阻相对变化之间的关系为：

$$\frac{\Delta R}{R + 2R_L} = K\varepsilon_d$$

由于长导线电阻的影响，实测应变 ε_d 与实际应变 ε 间存在系统误差，将上述二式相除可得：

$$\frac{\varepsilon}{\varepsilon_d} = 1 + \frac{2R_L}{R} \tag{6-11}$$

故考虑导线电阻的影响，如仍用应变计的真实灵敏系数 K 进行测量，则测得的应变读数应进行修正：

$$\varepsilon = \varepsilon_d \left(1 + \frac{2R_L}{R} \right) \tag{6-12}$$

由式（6-12）可知，导线电阻使应变测量值偏小，应按照不同桥路接法进行修正。

在单臂测量时，若每个应变计用两根导线和应变仪相连，单根导线的电阻为 R_L，则桥臂电阻为 $R + 2R_L$，桥臂的电阻变化率为：

$$\frac{\Delta R}{R + 2R_L} = \frac{\Delta R}{R} \times \frac{1}{1 + \frac{2R_L}{R}}$$

修正公式为：

$$\varepsilon = \varepsilon_d \left(1 + \frac{2R_L}{R} \right)$$

若每个应变计用一根导线和应变仪相连，另一端连在一起，再用一根公共长导线和测量仪器相连，则修正公式为：

$$\varepsilon = \varepsilon_d \left(1 + \frac{R_L}{R} \right)$$

在半桥测量时，若每个应变计用两根导线和应变仪相连 [图 6-3（a）]，单根导线的电阻为 R_L，则桥臂电阻为 $R + 2R_L$，修正公式为：

$$\varepsilon = \varepsilon_{\mathrm{d}}\left(1 + \frac{2R_{\mathrm{L}}}{R}\right)$$

也可采用三线式接法［图 6-3（b）］。先将工作应变计和补偿应变计的一端连成公共线，然后用长导线连接至测量仪器，再在工作片和补偿片的另一端分别用一根长导线串联接入桥臂。这样有一根长导线是接在桥臂之外，在桥臂的输出回路中。此时应变读数的修正公式为：

$$\varepsilon = \varepsilon_{\mathrm{d}}\left(1 + \frac{R_{\mathrm{L}}}{R}\right)$$

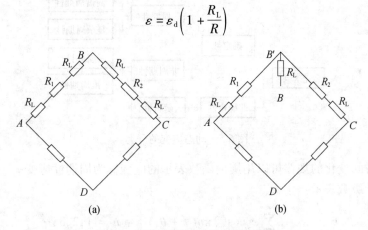

图 6-3　半桥测量时导线电阻的影响

在全桥测量时（图 6-4），接在桥路上的两根长导线的电阻使供桥电压降为 $\dfrac{R}{R + 2R_{\mathrm{L}}}U$，输出电压也按同比例下降。故此时应变读数的修正公式为：

$$\varepsilon = \varepsilon_{\mathrm{d}}\left(1 + \frac{2R_{\mathrm{L}}}{R}\right)$$

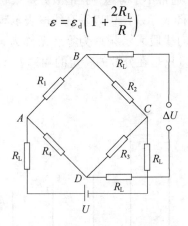

图 6-4　全桥测量时导线电阻的影响

6.2　动态应变测量

6.2.1　动态应变的分类

随时间变化而变化的应变称为动态应变。动态应变测量必须把应变随时间变化的过程记录下来，再用适当的方法分析。产生动态应变的原因可能是载荷随时间而变化，也可能是构件的运动。按动态应变随时间变化的性质可分为确定性动态应变和非确定性动态应变两类：应变随时间变化的规律可以用明确的数学表达式描述的称为确定性动态应变；否则就是非确定性动态应变。确定性动态应变视其能否用周期性函数来表示可分为周期性和非周期性动态应变。动态应变的分类如图 6-5 所示。

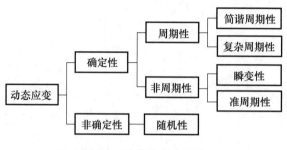

图 6-5　动态应变的分类

应变随时间变化的规律可以用周期函数表示的应变称为周期性应变。一般周期性应变可用傅里叶级数表示：

$$\varepsilon_t = \varepsilon_0 + \sum_{n=1}^{\infty} \varepsilon_n \cos(2\pi n f_1 t + \theta_n) \qquad n = 1,2,3,\cdots \qquad (6\text{-}13)$$

即一个复杂周期性应变可看成由一个静态应变量 ε_0 和无限个称为谐波的余弦分量（应变振幅为 ε_n，相位为 θ_n）组成，$n=1$ 的谐波称为基波或一次谐波，$n=2$ 的谐波称为二次谐波，其余类推，各谐波分量的频率都是基频 f_1 的整数倍。

在实际分析中，相位角 θ_n 通常不予考虑，且谐波分量只取有限的几个，此时式（6-13）可用图 6-6 所示的振幅-频率图表示。图中以垂直线段表示频率为 f_i、振幅为 ε_i 的第 i 次谐波分量，在振幅坐标轴上的线段表示频率为零、振幅为 ε_0 的静态应变。振幅-频率图简称为频谱图，由于谐波分量只是在分散的特定的频率上才出现，所以这样的频谱图又称为离散谱。

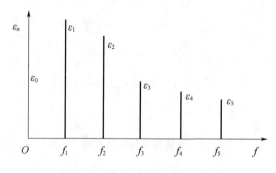

图 6-6　复杂周期性应变的频谱

一般测量得到的复杂周期性应变的谐波分量很多，但随着谐波次数的增高，其幅值越来越小，故在实际分析中常把高次谐波略去，只记最低的几次谐波。从式（6-13）可以看出，当 ε_t 只有基波且所有高次谐波及静态应变量都等于零时，有：

$$\varepsilon_t = \varepsilon_1 \cos\left(2\pi f_1 t + \theta_1\right)$$

上式表示应变为简单周期性应变，其频谱如图6-7所示。

当式（6-13）中所有谐波都等于零且仅有 ε_0 时，有：

$$\varepsilon_t = \varepsilon_0$$

上式表示应变为常应变，其频谱如图6-8所示。

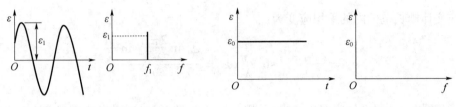

图6-7　简单周期性应变频谱　　　　　　图6-8　常应变频谱

非周期性应变分为两种，一种是瞬变性应变，又称为冲击应变。它经常是由非周期性的突加载荷引起的，如锻锤的打击。瞬变性应变的频谱是连续的，其谐波频率连续变化，高频分量占比可能较大，在分析中应予以重视。另一种是准周期性应变，例如当一台机组由几个转速不成比例的发动机同时工作时，引起的构件振动应变为非周期性的，其各谐波频率之间不成最小公倍数，各谐波分量是周期性的，但合成的应变不是周期性的。其频谱图是离散的，各谐波频率分布没有一定规律，如图6-9所示。

许多机械在运行中受到的载荷是杂乱无章的，由此引起构件的动态应变不能用明确的数学表达式表示，这种性质的应变称为随机性应变，如图6-10所示。对于随机性应变，虽然无法预测其未来时刻的数值，但在大量重复试验中呈现出统计性规律，可以用概率统计的方法描述和分析。对随机性应变，则要选用频率响应范围足够宽的测量记录系统。进行必要的大量重复试验，根据其统计特性来解决构件的强度问题。

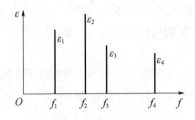

图6-9　准周期性应变的频谱　　　　　图6-10　随机性应变

6.2.2　应变计的动态响应和疲劳寿命

1. 应变计的动态响应

当应变变化频率很高时，就要考虑构件表面瞬时应变和应变计同一瞬时测得的应变之间的响应关系。由于应变计的基底和胶层很薄，应变从构件传到敏感栅的时间估计约为 $0.2\mu s$，可以认为是立即响应的，故只要考虑应变沿应变计栅长方向传播时应变计的动态响应问题。

设波长为 λ，频率为 f 的正弦应变波以速度 v 在构件中沿应变计栅长方向传播，在某瞬时 t，应变波沿构件表面的分布为：

$$\varepsilon_x = \varepsilon_0 \sin \frac{2\pi}{\lambda} x$$

式中，ε_0 为正弦波应变振幅。应变计栅长方向中心位置的应变为：

$$\varepsilon_m = \varepsilon_0 \sin \frac{2\pi}{\lambda} x_m$$

应变计栅长范围内的平均应变为：

$$\varepsilon_a = \frac{\varepsilon_0}{l} \int_{x_m - l/2}^{x_m + l/2} \sin \frac{2\pi}{\lambda} x \, \mathrm{d}x = \frac{\varepsilon_0 \sin \frac{2\pi}{\lambda} x_m \sin \frac{\pi l}{\lambda}}{\frac{\pi l}{\lambda}}$$

在该瞬时 t，用平均应变 ε_m 来表示栅长中心位置的应变 ε_a 将产生误差，其相对误差为：

$$e = \frac{\varepsilon_m - \varepsilon_a}{\varepsilon_m} = 1 - \frac{\sin \frac{\pi l}{\lambda}}{\frac{\pi l}{\lambda}} \tag{6-14}$$

当 $l \ll \lambda$，即 $\frac{\pi l}{\lambda} \ll 1$ 时，可采用近似公式：

$$\frac{\sin \frac{\pi l}{\lambda}}{\frac{\pi l}{\lambda}} = 1 - \frac{\left(\frac{\pi l}{\lambda}\right)^2}{6}$$

则式（6-14）可表示为：

$$e \approx \frac{1}{6} \left(\frac{\pi l}{\lambda}\right)^2 = \frac{1}{6} \left(\frac{\pi l f}{v}\right)^2 \tag{6-15}$$

由于应变波在材料中的传播速度 v 为常数，故由式（6-15）可知：

（1）若给定允许的相对误差 e 和被测动态应变的极限频率 f_{max}，则可求出应变计允许的最大栅长；

（2）若给定允许的相对误差 e 和应变计栅长，可求出应变计允许的极限频率 f_{max}。

例如应变波在钢材中的传播速度为 $v = 5000 \mathrm{m/s}$，允许相对误差 $e = 1\%$，应变计栅长 $l = 5 \mathrm{mm}$，则应变计允许的极限频率为：

$$f_{max} = \frac{v}{\pi l} \sqrt{6e} \approx 78000 \mathrm{Hz}$$

若被测应变的频率远小于该极限频率，应变计的动态响应误差可忽略不计。由上值可知，对一般土木、机械工程领域中的动态应变，其响应误差可忽略不计。

2. 应变计的疲劳寿命

动态应变测量时，若测点的应变变化较快且测量的时间较长，应变计经受的应变循环次数也就很多，则要求所选用的应变计应具有较高的疲劳寿命。一般的应变计在常温下的疲劳寿命为 $10^5 \sim 10^6$ 次，动态应变计的疲劳寿命为 $10^7 \sim 10^8$ 次。厂家提供的疲劳寿命是在 $\pm 1000 \mu\varepsilon$ 的应变幅值下标定的，故如果应变幅值大于 $\pm 1000 \mu\varepsilon$，则应变计的实际疲劳寿命将低于厂家提供的疲劳寿命。试验研究表明，疲劳寿命为 10^6 次的箔式应变计在 $\pm (2000 \sim 5000) \mu\varepsilon$ 幅值下工作，疲劳寿命可能降至 2×10^3 次左右。

6.2.3 动态应变测量仪器系统

动态应变测量要得到应变随时间的变化过程，故动态应变测量系统应包含动态应变仪和相应的记录装置。根据所能采集的应变的频率不同，动态应变仪和记录仪器的频率也不相同，可根据动态应变频率范围选择合适的动态应变测量系统。图 6-11 为常见的动态应变测量系统分类。

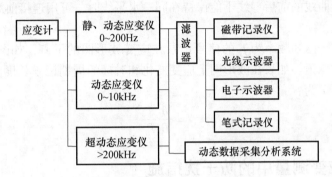

图 6-11 动态应变测量系统分类

在测试中可根据测量目的选用滤波器。当只需要测量动态应变在某一频带中的谐波分量时，应选用相应频带的带通滤波器；当只需测量低于某一频率的谐波分量时，应选用有相应截止频带的低通滤波器；一般对频率没有特殊要求的可以不用滤波器。

由计算机控制的动态数据采集分析系统，是目前发展最快的一种动态应变测量方式，它由计算机软件处理数据，可由时域信号变成频域信号并用图形显示测量结果，应用越来越广泛，且正向网络化、远程化和智能化方向发展。

6.2.4 动态应变波形图

动态应变测量的直接目的是获得一张应变随时间的变化图——动态应变记录波形图。不管用哪种记录器进行记录，其基本内容可用图 6-12 所示的典型波形图来说明。应变波形图记录了应变随时间变化的关系，故在图上必须有能够确定应变幅值和时间的作图比例的标记，相应称之为幅标和时标。

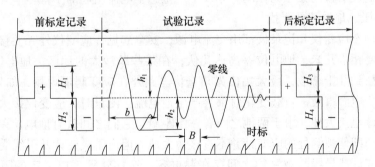

图 6-12 动态应变波形图

幅标是在应变试验记录之前和记录完毕之后，在对测试仪器系统不进行任何变动的条件下，给定一个已知的应变值 ε_H 并记录下来，如图 6-12 中的 H。应变记录曲线上幅

高为 h 的应变值为：

$$\varepsilon_h = \frac{h}{H}\varepsilon_H \qquad (6\text{-}16)$$

如果前后的两个正（或负）的幅标等高，则 H 取 H_1、H_3（或 H_2、H_4）的平均值；如果正负幅标不等高，表明仪器系统对正负信号的放大量不等，故正应变应取正幅标计算，负应变取负幅标计算。当仪器系统的线性很差时，则对幅标应进行较密的步级标定。当应变记录曲线的前后零线不能保持在同一水平线时，可用连接前后零点的斜线做量测 h 的基准线。

时标是用一个已知频率为 f_B 的信号记录在应变波形图的下侧，如图 6-12 边上记录的是正弦时标的峰顶。如果在波形图上应变变化和时标的周期记录长度各为 b 和 B，则应变变化的周期 T 为：

$$T = \frac{b}{B}\frac{1}{f_B} \qquad (6\text{-}17)$$

6.3　动态应变测量中的防干扰措施

动态应变信号在变换、传输及记录过程中，若从内部或外部混入其他信号（干扰信号），就会产生误差。干扰的来源有：机械冲击、振动等产生的信号，电产生的信号，磁产生的信号及测试仪器内部引起的干扰等。本节主要是讨论外界的电、磁对动态应变测量的影响。

6.3.1　干扰源的分类

应变测试可能在各种环境中进行，来自外界的各种电、磁的干扰也有多种，归纳起来主要有以下几种。

1. 电磁干扰

应变计的信号是通过测量导线输入应变仪的，数值非常微小（电桥的输出电压通常为毫伏级），当外界电磁场变化时，就会受到电磁干扰。根据干扰源的特点，电磁干扰可以分为：①工频干扰，即工业上使用的 50Hz 交流电造成的干扰；②无线电干扰，即大功率无线电发射台的强磁场在测量导线中产生感生电流引起的干扰。

2. 地电压、地电流的干扰

常用的动态应变仪和记录仪都用交流电源，安全起见，应变仪外壳要接地。但在某些工厂，只要相隔几米，地电位差高达几伏；在某些风沙大的地区，地电位还会波动，频率为几赫兹到几千赫兹，最大幅值为几毫伏。此外在应变测量现场，如果发生雷电、电力线开闭、电源事故、负载变化时都会产生地电流。测量时，应变仪接大地，如果被测处的应变计也接大地，由于两地之间有一定距离，它们之间就有地电位差 U，它将干扰被测信号。即使被测处的应变计并不直接通大地，但由于应变计及引线受潮或绝缘电阻下降、应变计或导线与被测物之间存在漏电容，这样就等于以一定的阻抗与大地相连，地电位差 U 也同样会干扰被测信号。

3. 测量仪器之间的干扰

当多台应变仪同时工作时，每台应变仪的实际载波频率不完全相同，可能会产生仪器之间的相互干扰。干扰信号可能是直流、低频、脉冲等，要减小或排除干扰，应当确定干扰信号的种类，采取相应的措施。如果所测的动应变频率不太高，则高频干扰将使应变测量的记录曲线上附加"高频毛刺"；直流干扰使记录曲线产生零点漂移；低频干扰在应变信号中难以确定，只有在被测点的应变规律是周期性的并且其频率可以预先知道的情况下，才可能分辨。常见的电源频率干扰，由于它表现为稳定的50Hz及其倍数的频率，所以在频谱分析中可以分辨出来。

4. 静电干扰

当应变计的测量导线和干扰源（例如电力线）之间存在漏电容时，就可能在测量导线中产生静电干扰。

6.3.2 抑制干扰的措施

1. 抑制电磁干扰和静电干扰的措施

（1）将测量导线绞扭［图6-13（a）］，导线绞扭后可以减少干扰磁通的耦合面积，并使每一绞的感应电流与下一绞的感应电流相反，互相抵消。在绞扭导线的外面采用金属屏蔽套［图6-13（b）］，可以防止静电干扰，使通过漏电容 C 的电流从屏蔽套上旁路，不再串入信号回路中；也可以在桥路接线时采用屏蔽线。

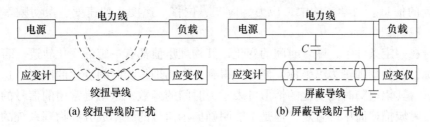

(a) 绞扭导线防干扰　　　　(b) 屏蔽导线防干扰

图6-13　测量导线防干扰措施

采用屏蔽的方法不仅能抑制静电干扰，还能抑制静磁和电磁干扰，分别称为静电屏蔽、静磁屏蔽。静磁屏蔽是利用磁阻很小的强磁屏蔽材料（如钢），它将干扰磁场限制在屏蔽体内，不影响信号回路。电磁屏蔽主要是防止高频电磁场的影响，它是采取低电阻金属材料（如铜、铝）作为屏蔽材料，使高频干扰信号在其上产生涡流损失来达到电磁屏蔽作用。屏蔽体越厚，对频率越高的干扰电流的抑制作用越好。

另外，在磁场较强的情况下进行试验时，仅靠电缆本身的屏蔽作用是不够的，还需要额外增加屏蔽体进行屏蔽。从屏蔽效果看，将屏蔽套两端接地效果较好。

（2）因为磁场强度与距离成反比，电源线与测量导线的耦合电容也随距离的加大而减小，因此可以尽量增大测量导线与干扰源的距离，或者改变测量导线的方向，将它与电力线垂直，就可以减小电磁干扰和静电干扰。

（3）尽可能地缩短测量导线的长度。

2. 抑制地电压、地电流干扰的措施

（1）如果应变仪使用市电电源，仪器的外壳接地，这时应变计处不允许接地，并且应变计与被测构件绝缘电阻要大，分布电容要小，否则地电压、地电流将干扰信号回路。

（2）如果应变仪使用电池供电，可以将屏蔽套接仪器外壳，但都不接地。

3. 抑制测量仪器之间的相互干扰

要抑制测量仪器之间的相互干扰，必须强迫各台应变仪载波频率同步。如果应变仪之间的载波频率相差太大时，将无法同步，这时应先调整应变仪的振荡频率，使它们接近，然后接上同步线，但是同步的应变仪台数不宜过多，否则达不到同步目的，反而使应变仪无法工作。如果测量时使用的应变仪的台数很多时，应当将应变仪分组，每组内的几台同步，同步线要尽量短，且尽量避免与电源线平行布线。同时各组的测量导线要隔开，最好在每一组测量线外增加一层屏蔽层，这样处理后，即可较好地抑制多台电阻应变仪同时工作的相互干扰。

6.4 数字信号处理

6.4.1 信号的描述

一个被观察的对象，其运动状态是通过一系列物理参数随时间的变化过程反映出来的，通常将这些随时间变化的物理量称为信号，它们从不同的角度反映了被测对象各种运动的信息。力学实验中，应力、应变、位移、速度、加速度、振动频率等都是信号。

信号在一定条件下，随着时间的变化，其物理量值都有一定的变化轨迹。若以时间为横坐标，各种物理量为纵坐标，便可以得到一个物理量随时间变化的图形，这就是信号的波形。其幅值随时间变化的情形可表示为时间的函数，这就是常用的信号的时域描述。信号时域描述简单、直观，但是不能明确揭示信号的频率成分和物理系统的传输特性。通常还需要对信号进行频谱分析，研究信号的频率结构和对应的幅值大小，称为信号的频域描述。有时为了知道信号幅值大小，采用幅值域描述信号的分布情况；为了研究信号间的相互关系，采用时延域描述信号。所谓域的不同，是指描述信号的图形横坐标物理参数（自变量）不同。例如，时域以时间 t 为横坐标，频域以频率 f 为横坐标，幅值域以幅值为横坐标，时延域以时延为横坐标。随研究的目的不同，必须进行各种变换，分别在所需域进行分析，才能很好地解决问题。

力学测量中，传感器输出的一般是模拟电量。要对数据进行数字处理，必须得到以数值表示的波形瞬时值。故要以一定的时间间隔对波形进行采样，取得数值序列，这些数值称为采样值，两相邻采样点之间的时间间隔称为采样间隔或采样周期 ΔT，对应的频率称为采样频率 f_s，$f_s = 1/\Delta T$。

在数据转换之前，要对原始信号进行分析。在信号记录过程中，可能有严重的噪声、信号丢失、传感器失灵等引起的信号异常，必须对信号的时间历程的波形作直观检查，凭经验判断去除异常信号。数据一旦转换为数字的形式，即使是很明显的差错，也不易发现，而这些差错可能对将来的数据分析带来严重的影响。

数据的预处理包括改变数据形式、数据校准、可疑点剔除和趋势项的去除等。

（1）改变数据形式。改变数据形式就是将模数转换系统所产生的数据形式改变为计算机系统所能接受的标准形式，使数据的位数、表达方式等符合要求。

（2）数据校准。数据校准就是将数据单位转换成合适的物理单位。标准数据是在测量系统中，对传感器加载一个标准的已知物理量，根据传感器的电压灵敏度换算得到具有物理单位的已知量。一般认为测量系统在线性范围内工作，校准信号取两个值：一个取零值，另一个取约等于被测值的最大值。其他分析数据可与这些标准信号进行比较来确定其大小。

（3）可疑点剔除。由于数模转换器失效等因素，大多数的数据采集系统有时会把一些虚假数据掺入正常的数据之中。这些可疑点在后续分析中会产生很多的问题。故在全部数据复原程序中，最好要包括可疑点的检测和消除。

（4）趋势项的去除。有时需要将一种线性的或者缓慢变化的趋势项从一种特定的时间历程中消除。数据的积分会引入两种类型的误差：一种是由于零点校正不对，致使每一个时间采样值均有一个小的误差项，当积分时，这个常数项将变一次项；另一种是由于积分过程放大了相应于低频噪声的功率所引起的效应。积分时，数据具有缓慢变化的趋势。趋势项去除时，对于缓慢变化的趋势项，最好用高通滤波器去除；而多项式趋势项则可以用最小二乘法的原理加以去除。

（5）数据检验。在数据的预处理中，有时还要对数据的平稳性、周期性和正态性等基本特性进行检验。

6.4.2　数字信号处理技术

随着电子技术和计算机技术的发展，数字信号处理技术现已发展成为一门崭新的先进技术。对于动态信号的处理，目前可以实现在时间域、频率域或幅值域中进行分析。这三个域的关系为：

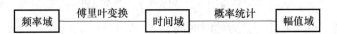

采用不同的域进行分析，有不同的处理方法。通常时间域中的"波形分析"、频率域中的"频谱分析"和幅值域中的"随机信号处理"是现代数字信号处理的三个主要部分。

1. 波形分析

波形分析一般指对信号波形在时间域内进行分析（如叠加平均、曲线拟合、相关分析等），给出各种量的幅值关系，如幅值大小、幅值对时间的分布、起始时间与持续时间、时间滞后、相位滞后、波形的畸变、分解与合成等。

（1）叠加平均

物理量的测量常受到噪声的影响，如果噪声的频谱高于或低于信号的频谱，可以用滤波技术滤去噪声，将有用的信号从噪声中分离出来。如果信号与噪声频谱相重叠，滤波技术不再适用。此时可以用叠加平均方法改善信噪比。

叠加平均方法适用于周期信号或重复信号，它将各个周期的信号与噪声同时叠后再加以平均。如果噪声是随机的，则叠加过程中会相互抵消，若信号是有规律的，叠加平均后幅值不变，从而提高了信噪比。显然，必要条件是噪声应具有随机性，信号则应具有重复特性，且两者互不相关。另外，叠加平均方法的有效性还与叠加次数有关，叠加次数越多，噪声对信号的影响越小。

（2）曲线拟合

在信号测量时，以采样周期 ΔT 进行采样，所以得到的时域数据是一组离散值（t_i，x_i），$i = 1，2，\cdots，n$，其中 n 为测量点数。若要计算非测量点的数据，则必须求得 t_i 和 x_i 之间的一个近似函数关系 $x = x（t）$。常用的方式是以最小二乘法进行拟合，其基本原理见 2.5 节。拟合时可采用多种函数形式，最常用的拟合式是 n 阶多项式 $x（t）= a_0 + a_1 t + a_2 t^2 + \cdots + a_n t^n$。

（3）相关分析

相关分析能从噪声或其他无关信号的信号中找出信号两部分之间或两个信号之间的相互关系，判别它们的相似性，并进行相互特征的检测与提取。相关分析是数字信号处理中用途很广泛的技术。

相关函数是两个波形之间时间偏移的函数，可以分为自相关函数与互相关函数两种。对于两个波形 $x（t）$、$y（t）$，自相关函数的数学定义如下：

$$R_{xx}（\tau） = \lim_{T \to \infty} \frac{1}{2T} \int_{-T}^{T} x（t） x（t + \tau） \mathrm{d}t \qquad (6\text{-}18)$$

互相关函数的数学定义如下：

$$R_{xy}（\tau） = \lim_{T \to \infty} \frac{1}{2T} \int_{-T}^{T} x（t） y（t + \tau） \mathrm{d}t \qquad (6\text{-}19)$$

它们之间的相关系数为：

$$\rho_{xy} = \frac{\int_{-\infty}^{+\infty} x（t） y（t） \mathrm{d}t}{\sqrt{\int_{-\infty}^{+\infty} x^2（t） \mathrm{d}t \int_{-\infty}^{+\infty} y^2（t） \mathrm{d}t}} \qquad (6\text{-}20)$$

式（6-18）~式（6-20）中，τ 为延时时间。

自相关函数与互相关函数的区别：自相关函数是一个信号对自身的延时信号进行计算，互相关函数是两个信号之间相似程度的计算。自相关函数主要体现出信号本身的特征，如信号的周期性、信号中噪声的带宽等。互相关函数只含有两个波形的共同频率分量，它可以表征两个信号之间究竟有无因果关系，以及是怎样的关系；在几个信号之间，究竟哪两个信号关系更为密切等。

（4）数字滤波

数字滤波的目的是对数字信号进行计算，实现平滑数据、分离频率分量和评定各频率间的性质。从滤波效果看，数字滤波分为低通、高通或带通滤波等。数字滤波有非递归滤波和递归滤波两种方法。

①非递归滤波。

假定模拟量 $x_0（t）$ 随时间连续变化，等间隔 ΔT 进行采样，可以得到离散值 x_n，$n = 1，2，\cdots，N$；N 为采样点数。则非递归滤波的运算为：

$$y_n = \sum_{i=-M}^{M} h_i x_{n-i}$$

式中，y_n 为滤波后的输出序列，x_n 为输入序列，h_i 为 $2M + 1$ 个常数，这组常数决定了数字滤波器的特性。

由上式可以看出，这是一种平滑平均技术，y_n 的输出值不仅与输入值 x_n 有关，还与输入信号的相邻值（$-x_{n-N} \sim x_{n+N}$）有关，由该方法得到的计算结果可以使输入信号中偏离较大的值降低，最终使输出信号 y_n 与输入信号 x_n 相比变得平滑。

②递归滤波。

有别于非递归滤波，递归滤波的输出结果需要用到其相邻时刻的输入值，还用了先前的输出作为输入，简单的标准递归滤波由下式表示：

$$y_n = cx_n + \sum_{i=1}^{M} h_i y_{n-i}$$

式中，c 和 h_i 为权系数，上式的计算采用了 M 个以前的输出和一个输入。如递归低通滤波可选用下式：

$$y_n = cx_n + (1-c) y_{n-1}$$

式中，$0 \leq c < 1$。

数字滤波的特性由权系数 c 和 h_i 决定。c 和 h_i 可根据具体情况选定，很多情况可采用最小二乘法求解系统的权函数。

递归滤波使用的数据点数比非递归滤波要少得多，相应的权系数也少得多，故运算速度较高，在实际中应用较多。非递归滤波有相位特性较好、幅度特性能够随意设计等优点，也越来越被人们所注意和应用。

2. 频谱分析

时域分析只能反映信号的幅值随时间的变化情况，很难明确显示信号的频率组成和各频率分量的大小，频谱分析则很好地解决了此问题。将动态信号以频率为横坐标进行描述，在频率域内进行分析，能得到各种振幅频率图，即连续或离散的频谱。

由于一般的动态信号都不是单纯的正弦波形，按照傅里叶分析法，动态信号可以分解为多个谐波分量，而每一个谐波分量可由其振幅和相位来表征。各次谐波可以按其频率高低依次排列起来而成谱状，按照这样排列的各次谐波的总体称为频谱。按表征信号的幅值、相位、能量（或功率）等随频率的变化情况，频谱可以分为幅值谱、相位谱、能量（或功率）谱等。故频谱分析是对信号波形在频率域内进行分析，获得信号的幅值谱、相位谱、功率谱等与频率有关的信息，以解决各种问题。它是以傅里叶级数和傅里叶积分为基础的。

（1）频谱

一个复杂的动态周期信号的波形可以展开为傅里叶级数，即可将波形分解为多个不同频率的正弦曲线和余弦曲线之和：

$$x(t) = A_0 + \sum_{n=1}^{\infty} \left[a_n \cos(2\pi n f_1 t) + b_n \sin(2\pi n f_1 t) \right] \tag{6-21}$$

式中，$f_1 = \dfrac{1}{T}$ 为基频，$a_n = \dfrac{1}{T_n} \int_0^{T_n} x(t) \cos(2\pi n f_1 t) \mathrm{d}t$，$b_n = \dfrac{1}{T_n} \int_0^{T_n} x(t) \cos(2\pi n f_1 t) \mathrm{d}t$，$T_n$ 为 $x(t)$ 的周期，$n = 1, 2, \cdots$。

式（6-21）也可表示为：

$$x(t) = A_0 + \sum_{n=1}^{\infty} A_n \sin(2\pi n f_1 t + \varphi_n) \tag{6-22}$$

式中，A_n 为各谐波振幅；φ_n 为其对应的相位，即一个信号可以用其各次谐波的振幅和相位来表示。

一个动态信号 $x(t)$ 可以通过傅里叶变换，用频率函数 $\chi(\omega)$ 来表示，即：

$$\chi(\omega) = \int_{-\infty}^{\infty} x(t)\mathrm{e}^{-\mathrm{j}\omega t}\mathrm{d}t \tag{6-23}$$

且

$$x(t) = \frac{1}{2}\int_{-\infty}^{\infty}\chi(\omega)\mathrm{e}^{\mathrm{j}\omega t}\mathrm{d}t \tag{6-24}$$

即 $\chi(\omega)$ 是 $x(t)$ 的傅里叶变换，$x(t)$ 是 $\chi(\omega)$ 的傅里叶逆变换。$\chi(\omega)$ 是虚函数，$|\chi(\omega)|$ 是幅值谱，ω 是圆频率。

（2）功率谱

对一个动态信号 $x(t)$，可以求得其自相关函数 $R_{xx}(\tau)$，自功率谱密度为自相关函数的傅里叶变换，即功率谱的物理意义在于，它表明了信号各频率分量在总能量中各自占有的分量。一些结构分析中，通过功率谱计算，往往可以找出问题的症结。图 6-14 为某设备噪声的功率谱图。由图中可以看到，在 100Hz、200Hz 与 450Hz 处分别有 3 个高峰。分析机械结构就不难确定发出这些噪声的部位。如 100Hz、200Hz 恰为电源频率的倍数，450Hz 是转速乘以滚动轴内的滚珠数等，从而便于采取相应措施来改进结构，降低噪声。

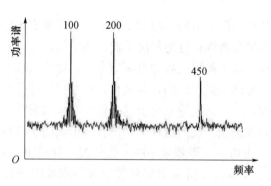

图 6-14　某设备功率谱图

可以证明，自功率谱密度 $S_{xx}(f)$：

$$S_{xx}(f) = X(f)X^*(f)$$

式中，$X(f)$ 为信号 $x(t)$ 的傅里叶谱，$X^*(f)$ 为傅里叶谱的共轭函数，故 $S_{xx}(f)$ 与相位无关，是仅具有幅值信息的实函数。

同理，互功率谱密度函数 $S_{xy}(f)$ 为两个时间函数 $x(t)$、$y(t)$ 的互相关函数 $R_{xy}(\tau)$ 的傅里叶函数，其表达式为：

$$S_{xy}(f) = \int_{-\infty}^{+\infty} R_{xy}(\tau)\mathrm{e}^{-2\pi\mathrm{j}/\tau}\mathrm{d}\tau$$

用互相关函数解释波形的相似性有一定的局限性，它虽然能说明两个信号波形的相似程度，但波形的相位不同时，合成的波形差别很大。采用互谱分析技术可以揭示两个信号波形频率成分的相似性，还能表现两信号中相应频率成分的相位关系。

同样可以证明，互功率谱密度 $S_{xy}(f)$：

$$S_{xy}(f) = X^*(f)Y(f)$$

式中，$X^*(f)$ 为信号 $x(t)$ 傅里叶谱的共轭函数，$Y(f)$ 为信号 $y(t)$ 的傅里叶谱。一般情况下 $S_{xy}(f)$ 与 $S_{yx}(f)$ 不相等，它们既包含幅值信息，还具有辐角信息。

（3）传递函数

一个物理系统，其作用可以看作是将系统输入映射为输出，即输出 $y(t)$ 是对输入 $x(t)$ 的响应：$y(t) = L\{x(t)\}$，L 为其映射关系，它表示系统本身的特性。力学中研究的一般为线性稳定系统。所谓线性系统是指系统 L 对任意 a_1、a_2、$x_1(t)$ 和 $x_2(t)$，满足以下关系：

$$L\{a_1x_1(t) + a_2x_2(t)\} = a_1L\{x_1(t)\} + a_2L\{x_2(t)\}$$

稳定系统则是指一个系统对有界的输入产生有界的输出。

对于一个物理上可实现的线性稳定系统，系统的动态特性可用系统脉冲响应函数 $h(\tau)$ 来描述。$h(\tau)$ 为任意时刻上系统对单位脉冲输入（τ 时间之前作用于系统）的输出响应。对于任意输入 $x(t)$，系统的输出 $y(t)$ 可由卷积表示：

$$y(t) = \int_{-\infty}^{+\infty} h(\tau)x(t-\tau)\mathrm{d}\tau$$

系统还可以用传递函数（频率响应函数）$H(f)$ 来描述。传递函数为脉冲响应函数 $h(\tau)$ 的傅里叶变换，即：

$$H(f) = \int_0^\infty h(\tau)\mathrm{e}^{-2\pi f\tau j}\mathrm{d}\tau$$

传递函数一般为复值量，可表示为：

$$H(f) = |H(f)|\mathrm{e}^{j\varphi(f)}$$

式中，模 $|H(f)|$ 为系统的增益因子，即一个信号输入系统后，其输出幅值是输入的 $|H(f)|$ 倍，相位差为 $\varphi(f)$。图 6-15 表示输入信号 $x(t) = A\sin\omega t$ 通过系统后得到的输出信号 $y(t) = B\sin(\omega t+\varphi)$ 的情况。

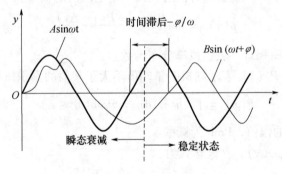

图 6-15　正弦输入响应

（4）相干函数

相干函数也称为凝聚函数或谱相关函数，其数学表达式为：

$$\gamma_{xy}^2(f) = \frac{|S_{xy}(f)|^2}{S_{xx}(f)S_{yy}(f)}$$

式中，$S_{xx}(f)$ 为输入信号的自功率谱密度，$S_{yy}(f)$ 为输出信号的自功率谱密度，$S_{xy}(f)$

为输入和输出信号的互功率谱密度，$\gamma_{xy}^2(f)$ 为 $0 \sim 1$ 的任意实数。

如果 $\gamma_{xy}^2(f)$ =1，则表示两个信号在某些频率上完全相干，输出信号完全起因于输入信号；如果 $\gamma_{xy}^2(f)$ =0，则表示两个信号在某些频率上不相干；如果 $\gamma_{xy}^2(f)$ =0.5，则表示一半的输出信号是由输入信号引起的。

如果 $\gamma_{xy}^2(f)$ 值太小，可能的原因为：①系统具有较强的非线性；②测量值中含有较多的噪声；③输出是 $x(t)$ 与其他输入信号的综合输出。

3. 随机信号处理

周期性应变信号的幅值、基频及频谱关系图容易根据其波形图结合傅里叶级数计算确定。随机信号与确定性信号分析的主要区别是随机信号处理需要考虑概率与统计的因素，需要通过幅值域统计平均计算概率密度，再通过相关分析与频谱分析，在时域与频域进行处理。

为了对随机信号进行分析处理，可用四种主要的统计特征来描述随机过程。①数字特征：如均值、均方值、方差等；②概率分布或概率密度函数；③相关函数：表示信号的重复性或周期性；④功率谱密度：表示变量的频域特征和能量分配。

（1）时域分析得到的统计函数

①均值即平均值，表示集合平均值与数学期望均值，其表达式为：

$$m_x = E[x] = \lim_{T \to \infty} \frac{1}{T} \int_0^T x(t)\,\mathrm{d}t \tag{6-25}$$

②均方值表示样本函数平方值（x^2）的平均值，其表达式为：

$$D_x = E[x^2] = \lim_{T \to \infty} \frac{1}{T} \int_0^T x^2(t)\,\mathrm{d}t \tag{6-26}$$

③方差表示随机变量和其数学期望值之间的偏离程度，记为 S^2，均方差又称为标准差，为方差的算术平方根，记为 S，表达式为：

$$S^2 = E\left[(x - m_x)^2\right] \tag{6-27}$$

④概率密度函数 $p(x)$ 表示瞬时值落在某指定范围内的概率：

$$p(x) = \lim_{\Delta x \to 0} \frac{P(x) - P(x + \Delta x)}{\Delta x} \tag{6-28}$$

式中，$P(x)$ 和 $P(x + \Delta x)$ 表示概率分布函数。

⑤概率分布函数 $P(x)$ 表示随机变量幅值不大于某值的累积概率：

$$P(x) = \int_{-\infty}^{x} p(\eta)\,\mathrm{d}\eta = \mathrm{Prob}(\eta \leqslant x) \tag{6-29}$$

式中，x 为随机变量的幅值，Prob 为概率。

⑥自相关函数 $R_{xx}(\tau)$，其表达式为：

$$R_{xx}(\tau) = E[x(t)x(t + \tau)] = \lim_{T \to \infty} \frac{1}{T} \int_0^T x(t)x(t + \tau)\,\mathrm{d}t \tag{6-30}$$

用自相关函数还可求得自相关系数，它表示信号 $x(t)$ 的自相关函数与信号均方值的比值：

$$\rho(\tau) = \frac{R_{xx}(\tau)}{R_{xx}(0)} = \frac{E[x(t)x(t + \tau)]}{E[x^2(t)]} \tag{6-31}$$

确定性信号一般在所有时间位移 τ 上都有自相关函数，而随机信号在时间位移 τ 稍大时，自相关趋近于零（当 $m_x = 0$ 时），故经常用自相关函数检测混淆在随机信号中如周期性信号等确定性信号。

⑦互相关函数 $R_{xy}(\tau)$，其表达式为：

$$R_{xy}(\tau) = E\left[x(t)y(t+\tau)\right] = \lim_{T\to\infty}\frac{1}{T}\int_0^T x(t)y(t+\tau)\,\mathrm{d}t \tag{6-32}$$

互相关函数表示两个信号波形相差时间位移 τ 时的相似程度，即两个信号在时域中的相似性可以用互相关函数表示。用互相关函数还可求得互相关系数，它表示信号 $x(t)$ 和 $y(t)$ 的互相关函数与两个信号均方值的乘积的平方根的比值：

$$\rho_{xy}(\tau) = \frac{R_{xy}(\tau)}{\sqrt{R_{xx}(0)\,R_{yy}(0)}} \tag{6-33}$$

（2）频域分析得到的统计函数

①自功率谱密度函数。

随机信号一般是非周期性的，且是无限持续的，故随机信号不存在傅里叶变换，只能通过自相关和功率谱来描述其特点。对平稳随机振动，自功率谱密度函数为自相关函数的傅里叶变换：

$$S_{xx}(f) = \int_{-\infty}^{+\infty} R_{xx}(\tau)\mathrm{e}^{-\mathrm{j}2\pi f\tau}\,\mathrm{d}\tau \tag{6-34}$$

②互功率谱密度函数。

对平稳随机振动，互功率谱密度函数为两个随机信号间的互相关函数的傅里叶变换：

$$S_{xy}(f) = \int_{-\infty}^{+\infty} R_{xy}(\tau)\mathrm{e}^{-\mathrm{j}2\pi f\tau}\,\mathrm{d}\tau \tag{6-35}$$

如果两个随机过程相互独立，均值至少有一个为零时，互功率谱密度函数在任意频率处均为零；若均值都不等于零时，互功率谱密度函数是 $f=0$ 处的冲激函数，反映两信号的直流分量。

③相干函数。

对应线性系统，相干函数 $\gamma_{xy}^2(f)$ 可解释为在频率 f 处的一部分输出的均方值，该部分输出是由输入 $x(t)$ 产生的；而 $1-\gamma_{xy}^2(f)$ 部分是由 $y(t)$ 中非 $x(t)$ 产生部分的均方值。两个相互独立的随机过程，对所有的频率相干函数均为零。

由上述分析可知，波形分析是在时间域上对幅值、相位和周期等进行分析，一般是用通常的分析方法，以简单且直观方式进行。频谱分析是对动态信号在频率域内进行分析，分析的结果是以频率为坐标的各物理量的谱线或曲线，可以得到各种以频率为变量的频谱函数。频谱分析过程以傅里叶级数和傅里叶积分为基础。波形分析（时间域）与频谱分析（频率域）可以互相转换，二者从不同角度对模拟信号进行分析，时域的表示较为形象与直观；频域分析则更为简练，剖析问题更为深刻和方便。

随机信号处理是将概率统计方法与确定性信号的分析方法相结合而发展起来的。随机信号的研究有两条常见的途径：一是侧重于研究概念结构，如研究某时刻信号所取状态与以前另一些时刻的信号的联合分布函数或联合概率密度；二是侧重于统计平均性质的研究，如研究随机信号的相关函数等。随机信号处理需要考虑概率和统计的因素，因而与确定性信号的分析方法有相同之处，但亦有明显的区别。

　　思考题：铸钢节点由于具有良好的整体性和可塑性（图6-16），被广泛应用于空间结构的复杂节点。因构造及受力复杂，铸钢节点的整体工作性能受到重点关注。为掌握铸钢节点在实际工程中的受力性能，原位测试是最好的方法。请采用电测方法设计测试方案及数据修正方法。

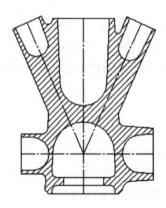

图 6-16　铸钢节点

7 电阻应变计式传感器

7.1 传感器的构造和原理

传感器是能将被测物理量转换为有确定对应关系的电量输出的测量装置,它能满足信息的记录、显示、传输、处理和控制等要求。传感器是实现自动测量和控制的首要环节,在工业生产自动化、航空航天、土建结构、能源交通、医疗卫生及环境保护等领域,各种传感器在检测各种参数方面起着十分重要的作用。现在,传感器已由单纯的转换元件发展为智能化、多功能的信息测量元件。随着微电子和微机械技术的进步,传感器的应用迎来了更广阔的发展空间。

传感器一般由敏感元件、传感元件和测量电路三部分组成,有时还加上辅助电源,如图 7-1 所示。

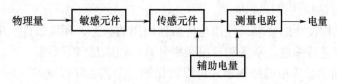

图 7-1 传感器的组成

敏感元件是直接感受被测物理量,并输出对应其他量(电量)的元件,如膜片、圆筒、弹簧片等,它将被测压力变成位移或应变。在应变计式传感器中又称为弹性元件。

传感元件是转换元件,又称变换器,是将感受的物理量直接转换为电量的器件,如电阻应变计、压电晶体,而电阻应变计安装在弹性元件上组成应变计式传感器。有时敏感元件与传感元件合成一体,如固态压阻式压力传感器等。

测量电路是将传感元件输出的电信号转换为便于显示、控制和处理为有用电信号的电路。使用较多的有电桥电路,还有其他特殊电路。由于传感元件输出的信号一般较小,大多数测量电路还包括了放大器,但有时把传感器与测试仪器分开,放大器归在测试仪器中作为测试仪器的组成部分。也有些传感器中包括放大器及显示器,直接在传感器上显示所测物理量。

传感器的种类很多,其分类方法有两种:一种按被测物理量分,另一种按测量原理分。按被测物理量可分为:力、重量、压强、力矩、位移和加速度传感器等;按测量原理可分为:应变计式、压阻式、压电式、电容式、电感式、涡流式、差动变压器式、谐振式传感器等。有时把用途和原理结合在一起称某一传感器,例如应变计式荷重传感器、压电式加速度传感器等。

利用电阻应变计测量应变的原理制成的应变计式传感器,在力学参量测量中应用广泛。应变计式传感器的优点有：

（1）测量精度高。一般为 0.5%，最高可达 $0.1\%_o$。

（2）测量范围广泛。如应变计式测力传感器的测量范围为 $10^{-2} \sim 10^7 \mathrm{N}$，压力传感器的测量范围为 $10^{-1} \sim 10^8 \mathrm{Pa}$。

（3）输出特性线性好，性能稳定，工作可靠。

（4）能在各种环境下工作，经专门的设计可在高低温、振动和核辐射等恶劣条件工作。

应变计式传感器由弹性元件和应变计桥路构成。弹性元件在被测物理量（如力、压强、扭矩、位移等）作用下产生与其成正比的应变，然后用电阻应变计将应变转换为电阻变化。各应变计组成桥路便于进行测量。

7.1.1 传感器的设计

为满足测量精度要求，传感器的性能需满足以下要求：输出灵敏度高、非线性误差小、工作稳定性好、湿度对传感器的零点和输出灵敏度影响小、动态测量时有足够的频率响应范围等。与这些要求相对应，对弹性元件的结构和尺寸设计、弹性元件材料的选择及热处理、应变计与黏结剂的选择、应变计的粘贴与防护工艺等方面必须有严格的要求。

1. 弹性元件结构的设计原则

弹性元件结构设计的要求，往往与传感器使用的状态、环境条件、准确度等要求密切相关，一般需进行强度、刚度和自振频率计算，须满足以下要求：

（1）结构简单。简单的结构形式可以简化加工工艺、降低成本。

（2）刚度较强。较强的刚度能使传感器工作状态保持稳定，减弱外界振动干扰的影响，特别是低频影响。应尽量使弹性元件在载荷作用下的弹性位移减小，使之有较高的固有频率。

（3）结构的整体性好。弹性元件应尽量是一个整体，避免采用复杂的组合结构形式。因为诸如紧固松动、焊接变形、滑动位移等因素的存在，都可能对传感器的重复性、可靠性带来潜在影响。

（4）弹性元件对作用力位置的变化和干扰力的影响不敏感。弹性元件应变敏感区的应力分布，应只随作用力的大小而变化，而不受作用力位置变化的影响。但一般的结构形式很难避免干扰力的影响以及受作用力方向和位置变化的影响。为此，设计不受上述因素影响的弹性元件，优点是显而易见的。

（5）弹性元件有效工作区应有良好的线性。有效工作区即工作的敏感区，该区域应有良好的应力-应变线性关系。因此，对该区域的几何尺寸、加工精度都应有更为严格的要求。

（6）弹性元件有效工作区应具有最大应变值。这样，弹性元件其他部位的变形都较小。因此，在载荷作用下的弹性元件具有较高的灵敏度和较好的疲劳寿命。

（7）工作区具有最佳额定应变值。选择工作区的最佳额定应变值是弹性元件设计的基础。由于传感器处于长期频繁的使用状态，且要求有较高的分辨率和线性度，所以在保证输出信号足够大的情况下，选择较低的应力水平为佳。通常的额定应变值选择在

$600 \sim 2000 \mu \varepsilon$ 之间。

（8）弹性元件工作区的工艺性能好。结构形式的工艺性包括机械加工、粘贴和密封等安装工艺。应变计工作区要求加工精度高、几何尺寸的一致性好，因此尽可能考虑便于实现加工要求的结构设计。同时，工作区的结构还应便于应变计的粘贴操作，适于半自动、大批量生产，在要求密封时能方便地进行局部密封或全密封。

（9）弹性元件自身具有过载保护装置。对于大量程传感器，安全过载保护是十分必要的。弹性体结构本身具有过载保护能力固然很好，但往往结构较复杂使加工变得更加困难。因此，多数情况下可以借助简单的附加装置。

（10）用于动态测量时，需对弹性元件自振频率进行计算或对传感器进行动态特性试验，一般要求自振频率较高。

（11）安装方便，互换性好。

2. 弹性元件材料的选择

传感器弹性元件的材料应具有高强度、高弹性极限、低弹性模量、稳定的物理性质以及良好的机械加工和热处理性能。常用合金钢制作弹性元件，如 5CrMnSiA 和 40Cr，分别用于高精度或一般传感传感器弹性元件；50CrVA 和 60Si2MnA 用于承受交变载荷的重要弹性元件；硬铝合金可用于小容量弹性元件；铍青铜（QBe2）弹性优良，可制作重要的弹性元件。

弹性元件在加工过程中与加工以后，必须按一定规范进行热处理及载荷处理，以提高弹性极限、消除残余应力、减小材料本身的滞后和蠕变，达到较高的长期工作的稳定性。

3. 应变计的选择与粘贴

作为传感器上应用的应变计与应力测量中的不同。一般传感器用的电阻应变计，用膜基箔式应变计，胶膜主要由环氧树脂、聚乙烯醇缩醛树脂或聚酰亚胺树脂制成，并用相应黏结剂粘贴应变计，经加热固化处理，其中环氧树脂性能最好。对应变计工作特性要求灵敏系数分散度小，机械滞后和蠕变小，应变计电阻分散小且稳定，应变计配传感器弹性元件热输出小且分散小。应变计的精度关系到传感器的精度和使用性能。

7.1.2 传感器的标定

同一类型的传感器，常因弹性元件的加工、应变计工作特性指标的差异和其他各种原因，输出往往不同。因此，传感器制成以后，必须经过严格的标定，即以标准量（如拉力、单位压力或加速度等）作用在传感器的弹性元件上，随同相应的测试仪器测量其输出值（读数应变），从而由输出值（读数应变）反映被测量的大小，这一过程称为标定。标定要在下列条件下进行：

（1）标定时传感器的加载情况应与实测条件一致，使用工作环境也应注明。

（2）标准量的精度必须比所需标定的传感器的精度高一级。例如，被标定的力传感器为三等测力计，则其标定必须在二等测力计上进行，方能满足精度要求。

（3）测试仪器同样应高于传感器所要求的精度的 $3 \sim 5$ 倍。

（4）标定过程中，为了减少滞后误差，一般要在满量程（最大载荷）下反复加载、卸载 $3 \sim 5$ 次，然后将额定量程（或额定载荷）分成 $5 \sim 10$ 级加载、卸载，并读取相应的数值，至少连续三次取值，再取平均值，并制成图或表供实际使用。同时可按不确实度理论计算出传感器的不确实度。

传感器精度的性能指标，一般用下面三个典型技术指标来表示：

（1）非线性。在传感器的标定曲线图［即输入（载荷）-输出（电压或应变）特性曲线图］中，标定曲线与理论直线（连接零点与额定载荷对应点所做的直线）的最大输出偏差与额定载荷下输出值之比，即表示非线性度。

（2）滞后。载荷从零增至额定值，然后回到零，在输出的特性曲线上，上升时输出和下降时输出之间的最大偏差与额定值之比称为滞后。

（3）重复性。在同一工作条件下，按同一方式，做数次（三次以上）加载测定时，特性曲线的一致性即为重复性。它的数值为特性曲线上的点与理论直线上相应点间最大差值对满量程的百分比。

传感器的性能指标还包括温度效应、偏载效应、常温蠕变、动态特性等，可参照有关标准，或按提出的特殊要求来标定。

7.1.3 传感器的电路补偿和调整

对于一个传感器，除了要考虑弹性元件的结构形式、材料和加工工艺、选用性能良好的应变计、黏结剂及掌握熟练的粘贴技术外，由于弹性元件实际所用的材料和应变计的实际性能参数都不可能是十分理想的，会产生桥路的初始不平衡、零点的漂移、输出灵敏度的漂移和输出非线性等缺陷，故还应采用电路补偿技术，以提高传感器的测量精度。

补偿电路如图 7-2 所示，图中 R_1、R_2、R_3 和 R_4 为应变计，R_Z、R_T、R_E、R_L 和 R_S 为调整电阻。通过调整电阻的阻值可以对相应的缺陷进行一定程度的补偿。

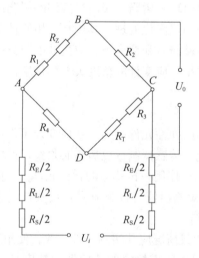

图 7-2 传感器的补偿电路

1. 初始不平衡补偿

在应变计测量电桥中，当 $R_1 R_3 = R_2 R_4$ 时，电桥平衡。但各桥臂中的应变计的阻值肯定会存在一定的偏差，使得电桥不平衡，这时可在桥臂中串联电阻 R_Z 进行补偿，使电桥平衡（图7-2）。

串联电阻 R_Z 的材料应与应变计敏感栅的材料相同，且粘贴在弹性元件不变形的部位上。串联电阻 R_Z 的位置可根据实际工作情况选择合适的桥臂。

2. 零点漂移补偿

一般传感器中都有初步的温度补偿措施，如利用桥臂特性进行补偿，采用温度自补偿应变计等。但由于每个电阻应变计的特性不完全相同，弹性元件各处的材料性能存在差别，当温度变化时，电桥仍会有输出，造成测量误差。这种当温度变化时电桥产生输出的现象，称为零点漂移（简称零漂）。

影响零漂的因素主要有：当温度发生变化时，应变计的电阻温度系数变化、应变计和弹性元件材料的线膨胀系数不同、应变计的性能不均匀等。为了消除零漂，在桥臂中串接一个补偿电阻 R_T（图7-2）。补偿电阻 R_T 应具有阻值小、电阻温度系数高的特性，粘贴在弹性元件不变形的部位上，并且与工作应变计处于相同的温度环境。应根据实际工况，通过试验确定 R_T 的大小及串接在哪个桥臂中。

3. 灵敏度漂移补偿

有负载时，电桥的输出灵敏度随温度的变化而变化的现象，称为灵敏度漂移（简称动漂）。由于弹性元件材料的弹性模量 E 及应变计灵敏系数 K 会随温度改变而改变，故传感器存在因温度改变而引起灵敏度变化的问题。在通常情况下，当温度升高时，弹性模量 E 减小，如果外力不变，则应变 ε 增加，电桥输出增加，传感器的灵敏度变大。

对传感器灵敏度进行补偿，可在电桥的电源电路中接入一可调补偿电阻 R_E，如图7-2所示。由于 R_E 的电阻温度系数很高，随着温度的升高，其电阻值变大，因而使供桥电压随着温度的升高而降低，电桥的输出灵敏度也随之下降，故适当地调整 R_E 的电阻值就能起到灵敏度的补偿作用。为了使电桥对称，一般用两个 $R_E/2$ 分别加在电源的两端。

4. 非线性补偿

在一般情况下，传感器的输出与感受的被测量之间并不是直线关系，而是呈非线性关系，如图7-3所示。

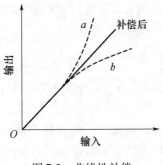

图7-3 非线性补偿

引起非线性的原因有：

（1）弹性元件受力后，横截面产生变化，使得读数应变与作用力不呈线性关系。

（2）电桥电路的输出与桥臂电阻变化存在非线性。

（3）应变计本身的非线性。

（4）弹性元件本身存在的非线性。

（5）电桥线路中接入 R_E 和 R_S，使输出有逐渐的非线性。

非线性补偿的措施是将半导体应变计 R_L 粘贴在弹性元件上，并串入电桥的电源电路中，如图7-2所示。半导体应变计 R_L 灵敏系数很高，它与工作应变计同样地感受弹性元件的变形。根据不同情况，R_L 的灵敏系数可选为正或负。如果非线性呈上升型，如图7-3中的曲线 a 所示，则半导体应变计 R_L 的阻值应随载荷的增大而增大，这样可以降低桥压，从而使输出下降，以达到补偿的目的。反之，如果非线性呈下降型，如图7-3中的曲线 b 所示，则 R_L 的阻值应随载荷的增大而减小。为了电桥的对称性，R_L 最好分为两半，对称地接入电路中，其阻值的大小，应在传感器标定时确定。

5. 输出灵敏度补偿

对于成批生产的传感器，总希望输出灵敏度相同，并为一特定值。这时可在电桥的电源电路中串入补偿电阻 R_S。R_S 采用电阻温度系数小的材料制成，调整其电阻值使得输出灵敏度相同。为了使电桥对称，可将 R_S 分为两半，对称地接入电路中。

7.2　测力或称重传感器

科学试验和工程测量中用的最多的是测力传感器，计量和商业上大量应用称重传感器及其组成的量衡器。它们在单位上有所差别，测力传感器的单位为牛顿，称重传感器单位用千克，但其工作原理是相同的。

根据弹性元件形状的不同，测力传感器和称重传感器分为杆（柱）式、板式、环式、梁式、剪切轮辐式等多种结构，且不断有新的弹性元件形式出现，具有不同的优点。

7.2.1　杆（柱）式弹性元件

杆（柱）式弹性元件的结构简单紧凑，可承受较大荷载，其截面形状分为方形、实心圆和空心圆截面（筒形）等（图7-4）。方形截面表面为平面，应变计粘贴质量较好；空心圆截面的截面模量大，加大直径可便于粘贴和热处理，但管壁太薄时受压易屈曲，影响测量精度，其强度计算用下式：

$$\sigma = \frac{F}{A} = E\varepsilon$$

式中，F 为作用力；A 为截面面积；σ、ε 分别为平均轴向应力和应变；E 为材料弹性模量。

由于作用力可能不沿弹性元件的轴线，使其除受轴向压力外还会受横向力和弯矩的影响，故可在应变计布置和接桥方式上采取措施，以减小其影响。比如空心圆筒可使弯曲应力减小。另一种方法是采用承弯膜片，如图7-4（b）所示，承弯膜片装在刚性外壳上，当出现横向力时，膜片刚性很大，可消除弯曲影响。但其缺点是结构复杂，体积较大，质量增加。

一般弹性元件由4或8个应变计组成全桥，可提高输出灵敏度、进行温度补偿和消除弯曲应力影响。

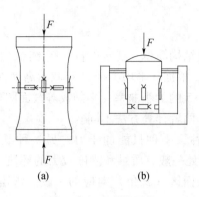

图7-4 杆式弹性元件

杆式弹性元件用于拉（压）力或荷重传感器，测力最小为10^3N，最大为10^6N。一般拉（压）力传感器的技术指标非线性、重复性、滞后均小于$0.1\% \sim 0.5\%$F.S，输出灵敏度$1 \sim 2$mV/V，温度零漂$(0.02\% \sim 0.04\%)℃^{-1}$。更大荷载的拉（压）力传感器可用实心圆杆弹性元件。

7.2.2　悬臂梁式弹性元件

悬臂梁式弹性元件一般用于较小荷载的传感器，它的结构简单、易加工，易粘贴应变计，灵敏度较高。对图7-5（a）所示的等截面悬臂梁，粘贴应变计处的应力为：

$$\sigma = \frac{6Fl}{bh^2}$$

式中，l为荷载F到应变计中心的距离；b、h为梁截面宽度和厚度。

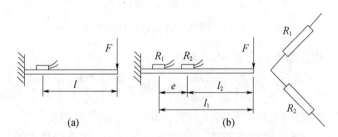

图7-5　悬臂梁式弹性元件结构

为消除力作用点变化引起的误差，可用图7-5（b）中所示方法，它实际上是测量剪力F_S，有下式：

$$F_S = \frac{\Delta M}{\Delta X} = \frac{M_1 - M_2}{l_1 - l_2} = \frac{\varepsilon_1 - \varepsilon_2}{e}EW = \left(\frac{\Delta R_1}{R_1} - \frac{\Delta R_2}{R_2}\right)\frac{EM}{eK} \propto \Delta R_1 - \Delta R_2$$

式中，R_1、R_2为应变计电阻；ΔR_1、ΔR_2为应变计阻值变化；M_1、M_2分别为应变计R_1、R_2所在截面上的弯矩；E为材料弹性模量；W为抗弯截面模量；K为应变计灵敏系数。悬臂梁各截面剪力F_S相同并等于外力F而与F作用点无关。将应变计R_1、R_2相邻接成半桥，则应变计阻值变化的差值与电桥输出成比例，即与F_S及F成比例，此时电桥输出灵敏度有所下降。

7.2.3　环式弹性元件

环形弹性元件的优点是结构简单、稳定，自振频率高，灵敏度高，可用于制作测量 $(5\sim50)\times10^2\text{N}$ 的传感器。根据环平均半径 R 和截面高度 h 的比值 $i=R/h$，可分为小曲率和大曲率两种形式。$i>5$ 的为小曲率，多制成等截面圆环；$i<5$ 的为大曲率，称为厚环，多制成变截面形式。两者计算方法不同。

小曲率圆环元件有两种，一种只能加压力，另一种既能加拉力又能加压力。如图 7-6（a）所示，在加载处一般有质量和刚度较大的环块。计算时由于对称结构，可只考虑 1/4 环。计算与等截面区（φ_0 角）对应的一段。弯矩如图 7-6（b）所示，φ 角对应处任一面上弯矩 M_φ 为：

$$M_\varphi = \frac{FR}{2}\left(\frac{\sin\varphi_0}{\varphi_0 - \cos\varphi}\right)$$

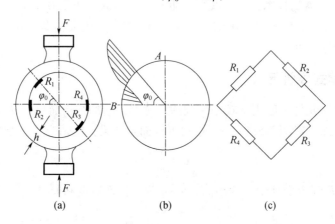

图 7-6　小曲率圆环弹性元件计算图及 M 分布

由此得出 A、B 截面上的弯矩 M_A、M_B：

$$M_A = \frac{FR}{2}\left(\frac{\sin\varphi_0}{\varphi_0 - \cos\varphi_0}\right) \quad M_B = \frac{FR}{2}\left(\frac{\sin\varphi_0}{\varphi_0 - 1}\right)$$

式中，φ_0 为等厚度部分的角度；F 为压力时，M_A、M_B 正负号相反。

可按图 7-6（a）所示粘贴应变计，并按图 7-6（c）接成全桥线路，可得力 F 与读数应变的关系。

对等厚度圆环，$\varphi_0 = \pi/2$，对应截面上的弯矩 M_φ 为：

$$M_\varphi = FR\left(\frac{1}{\pi} - \frac{1}{2}\cos\varphi\right)$$

此时 A、B 截面上的弯矩 M_A（$\varphi = \pi/2$）、M_B（$\varphi = 0$），分别为：

$$M_A = 0.318FR, \quad M_B = -0.182FR$$

在圆环内表面 A 和 B 处粘贴应变计，可接成半桥或全桥得到较大输出信号。截面尺寸宽度 b 和高度 h 由强度设计决定。小曲率圆环可用直梁公式近似计算弯曲应力：

$$\sigma_{\max} = \frac{M_{\max}}{W} \leqslant [\sigma] = E[\varepsilon]$$

式中，$M_{\max}$ 为 M_A、M_B 两者之间的最大弯矩；W 为抗弯截面系数，$[\sigma]$、$[\varepsilon]$ 分别为材

料许用应力和许用应变。此外，注意除强度校核外还需进行刚度校核。

7.2.4　剪切轮辐式弹性元件

剪切轮辐式弹性元件是一种较新的结构形式，其外形似一个平放的车轮，辐条的横截面为矩形。其主要优点是：结构高度低、精度高、线性好，抗偏心荷载和侧向力强，输出灵敏度高，可承受较大荷载并有超载保护能力。其构造、受力及应变计布置如图7-7所示，轮辐条横截面尺寸宽度为 b，高度为 h。应变计粘贴在辐条侧面的中点处。

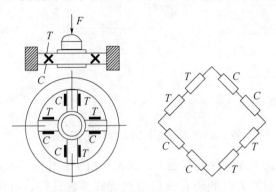

图 7-7　剪切轮辐式弹性元件示意图

由材料力学知识可知，当弹性元件承受荷载 F 作用时，辐条中间截面的中性轴处，材料处于纯剪切应力状态，横截面上的最大切应力为：

$$\tau_{max} = \frac{3F_S}{2A} = \frac{3F_S}{2bh}$$

式中，F_S 为每辐条横截面上的剪力，若总荷载 F 由 4 根辐条承受，则 $F = 4F_S$。

中性轴处为纯剪切应力状态，45°方向应变计所受应变 ε_{45} 和最大切应力 τ_{max} 关系为：

$$\tau_{max} = \frac{E}{1+\mu}\varepsilon_{45}$$

则

$$\varepsilon_{45} = \frac{3(1+\mu)}{8Ebh}F$$

应变计的粘贴位置和电桥接法如图7-7所示，这种接法桥路灵敏度高，同时可实现温度补偿、消除力偏心产生的影响和侧向力产生的影响。

7.2.5　S 形双连孔梁式弹性元件

S 形双连孔梁式弹性元件是一种新型弹性元件［图7-8（a）］，它具有灵敏度高、线性好、抗偏心能力强等优点，适用于小荷载测量。S 形双连孔梁式弹性元件可将其双连孔两侧简化为双梁，两端近似为固定端约束，受力简化如图7-8（b）所示。当弹性元件承受荷载 F 时，每根梁承受 $F/2$ 及对应的弯矩。每根梁弯矩图为线性反对称分布，则孔内 4 个位置上应变绝对值相等，但正负号相反：$\varepsilon_1 = \varepsilon_3$，$\varepsilon_2 = \varepsilon_4 = -\varepsilon_1$。将这 4 个应变计组成全桥，所测力 F 与总应变读数 ε_R 之间的关系为：

$$\varepsilon_R = 4\varepsilon_1 = \frac{4M_a}{EW} = \frac{12F(l_0 - r)}{Ebh^2}$$

式中，M_a 为 a 截面弯矩；E 为材料弹性模量；W 为抗弯截面系数，l_0 为双连孔最大内间距的一半；r 为孔半径；b、h 分别为弹性元件宽和孔边厚度。

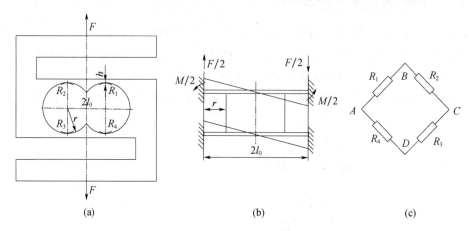

(a)   (b)   (c)

图 7-8   S 形双连孔梁式弹性元件示意图

在 S 形双连孔梁式弹性元件的基础上，又发展出了多孔框架式弹性元件结构，可用于中、小型传感器；和其类似的还有 S 形剪切梁式弹性元件，可用于较大荷载的传感器，可参考相关书籍。

7.3   扭矩传感器

力学测量中常遇到扭矩测量，例如各种发动机转子的旋转力矩、汽车方向盘旋转力矩等。电阻应变计式扭矩传感器是最常用的一种，常用的弹性元件为实心圆轴或空心圆筒（图 7-9）。

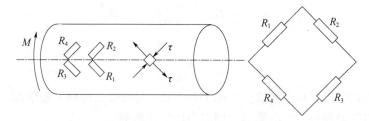

图 7-9   圆轴式扭矩传感器弹性元件示意图

由材料力学可知，圆轴扭转时，横截面上最大切应力发生在圆周边处，圆轴表面属纯剪切应力状态，在轴线上的 $\pm 45°$ 方向受拉、压应力，且最大切应力 $\tau_{max} = \sigma_1$。在 $\pm 45°$ 方向粘贴应变计，其应变 ε 和扭矩 M 之间的关系为：

$$\varepsilon_{45} = \frac{1+\mu}{E}\tau_{max} = \frac{16(1+\mu)M}{E\pi D^3}$$

式中，E 为材料的弹性模量；μ 为材料的泊松比；D 为实心圆杆直径。若在圆杆轴线的 $\pm 45°$ 方向粘贴 4 个应变计且组成全桥，在实现温度补偿的同时还提高了测量灵敏度，输出应变读数 $\varepsilon_R = 4\varepsilon_{45}$。

　　扭矩传感器弹性元件还有笼式、轮辐式等形式（图7-10）。扭矩传感器可测量静止物体和旋转物体的反作用和转动力矩。对于旋转轴的扭矩测量，由于物体旋转，还需有集流器，它是中间传递环节，分为有滑环结构和无滑环结构两种，可参考相关书籍。

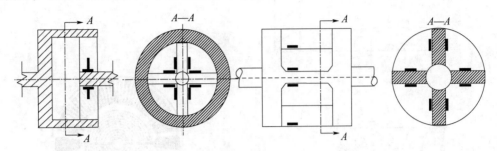

图7-10　扭矩传感器弹性元件示意图

7.4　压力传感器

　　压力传感器广泛用于测量液体或气体压力，例如管道内部压力、内燃机燃气压力、发动机的压力、火箭试验中的压力等。它由应变计和适当的弹性元件组成，压力量程为 $10^{-3} \sim 10^3$ MPa。应变计式压力传感器按结构形状可分为膜片式、圆筒式和组合式等几种。

7.4.1　膜片式压力传感器

　　膜片式压力传感器以圆形薄板（膜片）作为弹性元件。膜片的材料一般是金属，形状是圆形，且周边固定（图7-11）。当一面承受压力时膜片受力弯曲，另一面（粘贴应变计）上的径向应变 ε_r 和周向应变 ε_θ 可由弹性力学知识得到：

$$\begin{cases} \varepsilon_r = \dfrac{3p}{8h^2 E}\ (1-\mu^2)\ (r^2 - 3x^2) \\[2mm] \varepsilon_\theta = \dfrac{3p}{8h^2 E}\ (1-\mu^2)\ (r^2 - x^2) \end{cases}$$

式中，p 为压力；E、μ 分别为膜片材料的弹性模量和泊松比；r 为膜片半径；x 为膜片中心到应变计算点的距离。在膜片中心，ε_r 和 ε_θ 均达到正的最大值：

$$\varepsilon_{r\max} = \varepsilon_{\theta\max} = \frac{3p}{8h^2 E}\ (1-\mu^2)\ r^2$$

　　在膜片边缘处：

$$\varepsilon_\theta = 0 \quad \varepsilon_{r\min} = -\frac{3p}{4h^2 E}\ (1-\mu^2)\ r^2$$

　　在 $x = a = r/\sqrt{3}$ 处：

$$\varepsilon_r = 0$$

　　随着箔式应变计技术发展，已制成专门的圆膜形箔式应变花（图7-12），其周边辐射栅感受负应变 ε_r，中部圆弧形栅感受正应变 ε_θ。将电阻元件分四部分接成全桥时，可最大限度利用膜片的应变分布情况，提高输出灵敏度。

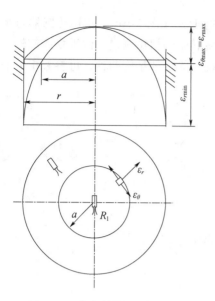

图 7-11　膜片式弹性元件示意图　　　　图 7-12　圆膜形箔式应变花

7.4.2　圆筒式压力传感器

圆筒式压力传感器以厚壁或薄壁圆筒作为弹性元件,圆筒一端闭合,另一端有法兰与被测系统连接(图 7-13)。由弹性力学知识可知,厚壁圆筒受内压 p 作用时,圆筒部分外表面轴向应变 ε_θ 和沿轴线方向应变 ε_x 分别为:

$$
\begin{cases}
\varepsilon_\theta = \dfrac{p\,(2-\mu)}{E\left[\left(\dfrac{D}{d}\right)^2 - 1\right]} \\[4mm]
\varepsilon_x = \dfrac{p\,(1-2\mu)}{E\left[\left(\dfrac{D}{d}\right)^2 - 1\right]}
\end{cases}
$$

式中,E 和 μ 为材料的弹性模量和泊松比;D 为圆筒的外径,d 为圆筒的内径。

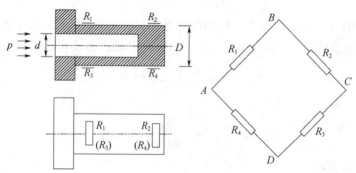

图 7-13　圆筒式压力传感器原理

由上式可知,在材料的线弹性范围内,圆筒表面应变 ε_θ 和沿轴线方向应变 ε_x 与内压 p 呈线性关系,这是圆筒式压力传感器的工作原理。

对于薄壁圆筒，可用下式计算：

$$\varepsilon_\theta = \frac{pd\ (1-0.5\mu)}{2E\delta}$$

测量高压时，要注意连接处的密封问题，并须进行强调计算。因为当壁厚较大时，内壁周向压力 σ_n 和大于外表面周向应力较多，计算公式为：

$$\sigma_n = p\frac{(D/d)^2 + 1}{(D/d)^2 - 1}$$

应变计的粘贴及接桥方法见图7-13。感受表面应变 ε_θ 的 R_1 和 R_3 沿圆周方向对称地粘贴在圆筒中部外表面，温度补偿片 R_2 和 R_4 粘贴在圆筒底部不受内压 p 影响的部位。

7.4.3 组合式压力传感器

与前述传感器不同，组合式压力传感器在结构上把压力感受元件和测压弹性元件分开，应变计不粘贴在压力感受元件上，而是由某传力杆将感受元件的位移传递到粘贴有应变计的弹性元件上。感受元件有膜片、波纹管等。弹性元件有悬臂梁、双支点梁等。弹性元件刚度应高于感受元件的刚度，这样可减小感受元件的滞后和不稳定性。波纹管式感受元件可测量小于0.1MPa的压力，但自振频率低，不适合瞬态过程测量。用薄壁圆筒代替传力杆和悬臂梁，则可提高刚度。如图7-14（a）所示，感受元件是双曲线形膜片，能与圆筒很好接合。它用于高性能内燃机燃烧压力指示的传感器，自振频率高，适合于测量瞬态过程。应变计粘贴在圆筒上，可采用空气或液体冷却，使传感器可在180℃或更高温度下使用。其他组合式压力传感器示意图，如图7-14（b）（c）（d）所示。

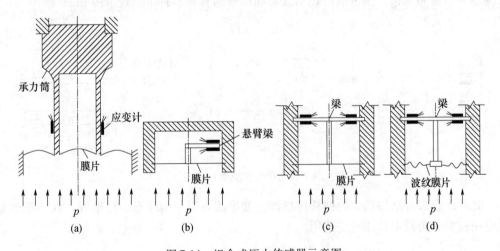

图7-14 组合式压力传感器示意图

7.5 位移传感器

应变计式位移传感器与测力传感器的原理相同，但要求不同。测力传感器要求弹性元件的刚度大，位移传感器则要求弹性元件的刚度小，否则当弹性元件变形时，将对被测构件形成一个反力，影响被测构件的位移值。

位移传感器中与弹性元件相连接的触点直接感受被测的位移，从而引起弹性元件的变形。为了保证测量精度，触点的位移与应变计感受的应变之间应保持线性关系。位移传感器的弹性元件可以采用不同的形式，常用的是梁式和弹簧组合式。

图 7-15（a）为梁式弹性元件位移传感器的原理图，弹性元件为一端固定，另一端自由的矩形截面悬臂梁，应变计粘贴在固定端附近。由材料力学知识可知，在小变形条件下，悬臂梁自由端的挠度 w 与荷载 F 间的关系为：

$$w = \frac{Fl^3}{3EI}$$

式中，E 为梁横截面的惯性矩；I 为梁横截面的惯性矩，$I = bh^3/12$。

应变计处的应变为：

$$\varepsilon = \frac{\sigma}{E} = \frac{6Fx}{bh^2 E}$$

由上述二式可得挠度和应变之间的关系：

$$w = \frac{2l^2}{3hx}\varepsilon$$

利用上述原理制成的双悬臂梁式位移传感器称为夹式引伸计 ［图 7-15（b）］，可测量裂纹张开位移等，广泛应用于材料的断裂韧性和疲劳特性试验研究中。

弹簧组合式位移传感器 ［图 7-15（c）］可用于大位移测量，其测量导杆不是固定在悬臂梁上，而是通过一个线性弹簧把二者连接起来，进一步降低了传感器的刚性。在悬臂梁根部附近粘贴应变计，当测点位移传递给导杆后，导杆带动弹簧使其伸长，并使悬臂梁产生弯曲变形。测点的位移为弹簧伸长量和悬臂梁自由端挠度之和。

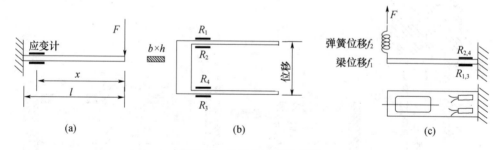

图 7-15　位移传感器示意图

此外还有多种结构形式的位移传感器，如半圆环形、圆环形、弓形等，在力学测量中应用较少，可根据具体情况选用。

7.6　加速度传感器

电阻应变计式加速度传感器的优点是低频特性好，价格低廉，输出灵敏度高，可测量较大（$1g \sim 50g$）或更大加速度，广泛用于振动测量领域。

常用的加速度传感器采用悬臂梁（可做成等强度梁）为弹性元件，其原理示意图如图 7-16 所示。梁一端固定在基底上，另一端安装一质量块。当传感器固定到被测振动物体上，悬臂梁轴线与被测加速度方向垂直时，质量块使梁变形，将梁根部粘贴的应变计组成全桥，可使梁变形时产生电压输出。

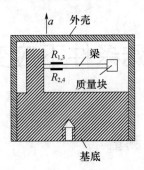

图 7-16　加速度传感器示意图

设振动物体的位移为 x，质量块振动幅度为 y，振动物体的振动频率为 f，系统的固有频率为 f_0。当 $f_0 \ll f$ 时，y 与 x 成正比；当 $f_0 \gg f$ 时，y 与 $\dfrac{\mathrm{d}^2 x}{\mathrm{d}t^2}$（即加速度 a）成正比，即 $y \propto a$，且 $y_{\max} = \dfrac{a_{\max}}{f_0^2}$，$y$ 与应变计应变有固定关系，故可用加速度传感器的应变电桥输出测量振动物体的加速度。其条件是被测振动物体的振动频率 f 远小于传感器系统的固有频率 f_0。若使悬臂梁系统的线性关系准确，需满足相对阻尼比 $\xi \approx 0.7$。通常将加速度传感器中填充硅油，使阻尼比满足要求。

8 特殊条件下应变测量

8.1 非常温条件下应变测量

在航空航天、化工和能源动力等行业，很多机械设备处于高温或低温工作环境。为研究结构在载荷和温度综合作用下的强度和刚度问题，需要进行实物或模型在相同工况下的应力-应变测量。在高温环境中，测量条件很恶劣，一般的变形测量仪表不能应用于高温环境，而云纹法、激光全息干涉法等非接触式的测量技术在高温条件现场应用还有一定的困难，采用专门的电阻应变计在高温环境中进行应力-应变测量是一种现实可行的方法。

8.1.1 非常温条件应变电测的主要特点

非常温条件应变电测和常温条件下电测有较大区别，主要特点如下：

（1）采用专门的电阻应变计。常温电阻应变计一般只适用于 − 30 ~ 60℃，在更高或更低温度条件下，需要使用适合不同工作温度范围的应变计，如低温（低于 − 30℃）电阻应变计、中温电阻应变计（350℃以下）或高温（350℃以上）电阻应变计。对此类应变计，仍要求其灵敏系数稳定，随温度的变化较小，有较高的应变极限和绝缘电阻、较小的蠕变和零漂等。这些专用应变计通常应具有温度自补偿的功能，即在使用温度范围内的热输出较小。一般温度自补偿应变计只适用于某种线膨胀系数的材料。实际上温度自补偿应变计的热输出不可能完全消除，在整个工作温度范围内仍产生几十到几百个微应变的热输出，应变测量时必须根据专门标定的热输出曲线和测点实际温度，对应变读数进行热输出修正。

（2）采用特殊的测量导线。视温度范围不同，高、低温应变计测量导线有康铜、卡玛合金、铁铬铝等，它们有较大的电阻率和较小的电阻温度系数。测量导线与应变计引线的连接除锡焊（100 ~ 150℃）外，有点焊、熔焊、钎焊等方法（200℃以上）。

（3）采用特殊的应变计安装方法。受温度的影响，高低温应变计安装方式有别于常温应变计，有粘贴、焊接和喷涂等，且有特殊的工艺，比常温应变计粘贴复杂得多。

（4）应变测量时应同时测量温度分布和变化。当被测构件上的温度分布很不均匀且随时间变化时，必须在测量应变的同时准确地测量各测点的实际温度变化，并将测量结果应用于应变计热输出、灵敏系数等特性的修正。

（5）测量数据处理分析比常温下的应变测量复杂得多。由于应变计工作特性随温度变化，一般要对测量数据进行多种修正才能得到实际应力应变结果。

8.1.2 非常温条件应变计的种类、工作特性

1. 非常温条件电阻应变计的种类

非常温条件下，由于温度变化，应变计一般具有温度自补偿功能，按实现温度自补偿的方式不同，主要分为以下两种：

(1) 单丝（箔）温度自补偿应变计。它由单合金丝或箔制成，所用材料选择依据是其材料性能和被测材料性能之间满足应变计热输出为零。应变计热输出 ε_T 有如下关系：

$$\varepsilon_T = \frac{1}{K}\alpha_T\Delta T + (\beta_e - \beta_g)\,\Delta T$$

若 $\varepsilon_T = 0$，可知：

$$\alpha_T = K(\beta_g - \beta_e) \tag{8-1}$$

式中，α_T 为敏感材料的电阻温度系数；K 为应变计灵敏系数；β_g 为敏感栅材料的线膨胀系数；β_e 为被测材料的线膨胀系数。

由式（8-1）可知，要使应变计测量某种材料时具有温度自补偿效果，可根据被测材料的线膨胀系数 β_e，选用满足条件的 α_T、β_g 和 K 的合金丝或箔材制成敏感栅。目前应用广泛的合金有康铜、卡玛等，但这种应变计是针对某种被测材料制作的，故对不同被测材料有不同型号（图8-1）。

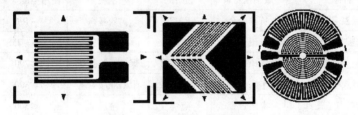

图 8-1　中温温度自补偿应变计

(2) 半桥、全桥焊接式温度自动补偿应变计。半桥焊接式应变计是管状结构，如图 8-2（a）所示，其工作栅和补偿栅是两根变截面的合金丝，合金丝细的部分是敏感栅，粗的部分是引线。补偿栅合金丝缠绕在工作栅外部。敏感栅和补偿栅都装在一个不锈钢细管内，细管内两栅之间用氧化镁细粉填充密实，且细管与不锈钢基底焊接。细管一端压扁封口，另一端与带导线的不锈钢管焊接。这种应变计特别适用于高温（≤800℃）水（或蒸汽、燃气）应变测试。日本 TML 公司生产该类型应变计，但价格昂贵。国内厂商生产的适用于金属构件精密应力测量的焊接式应变计价格大幅降低 [图8-2（b）]，但最高使用温度稍微偏低。

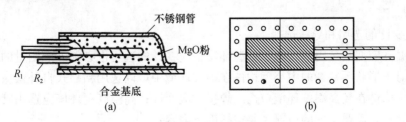

　　不锈钢管

　　MgO粉

R_1　R_2

合金基底

(a)　　　　　　　　　　(b)

图 8-2　半桥焊接式高温应变计

图 8-3 为日本 TML 公司生产的 AWH-8 型全桥焊接式高温应变计，该类型应变计是在半桥三线高温电缆端接入一温度补偿电路板的全桥方法实现。根据被测材料的线膨胀系数 β_e，调节温度补偿电路板中的电阻值，使应变计的热输出调节到极小值。

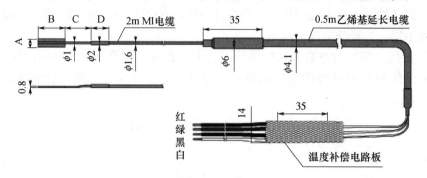

图 8-3　全桥焊接式高温应变计

按应变计工作温度范围，非常温应变计分以下几种：① −196℃低温应变计；②150～250℃、300℃中温应变计；③400～800℃高温应变计。上述各类国内外典型应变计信息见表 8-1。

表 8-1　国内外各类低、中、高温电阻应变计

序号	名称	敏感栅材料	黏结剂	基底	使用温度（℃）	产地
1	CF 低温应变计	特殊合金	EA-2	胶基	−196	日本 TML
2	中温应变计	卡玛合金	树脂	胶基	200～250	中国
3	QF 箔式应变计	康铜	NP-50 胶	聚酰亚胺胶基	≤200	日本 TML
4	ZF 箔式应变计	卡玛合金	NP-50 胶	聚酰亚胺胶基	≤300	日本 TML
5	AW 焊接式应变计	卡玛合金	点焊	金属	≤300	日本 TML
6	高温应变计	特殊合金	P12-9	浸胶玻璃布等	≤800	中国
7	AWH 焊接式应变计	铂钨合金	点焊	高温合金	≤600 静态 ≤800 动态	日本 TML

2. 非常温条件电阻应变计的主要工作特性

除了具有常温应变计的各项工作特性外，高、低温电阻应变计还具有以下主要工作特性：①热输出曲线；②灵敏系数随温度的变化；③极限工作温度下的机械滞后；④极限工作温度下的零漂和蠕变；⑤极限工作温度下的应变极限；⑥极限工作温度下的疲劳寿命；⑦高温绝缘电阻等。其中最重要的工作特性是①和②两项，各项工作特性测定方法和精度等级的工作特性的技术要求详见《金属粘贴式电阻应变计》GB/T 13992—2010 中的详细规定。

3. 应变计的选用和导线选择

和常温下应变测量类似，高、低温环境下应变计的选用也必须考虑测量的要求和构件情况。对于形状不复杂的中小型构件在中温环境中可以选用粘贴式自补偿应变计；尺寸较大的钢构件在较高温度环境应选用焊接式应变计；高温高湿环境应选用管状密封式高温应变计等。需要考虑的情况主要包括以下内容：

①被测构件材料性质及其物理力学性能（如弹性模量、泊松比、屈服极限和线膨胀系数及随温度变化的数据）；

②构件形状、尺寸、表面曲率、应力状况及静、动态应力；

③工作温度范围、分布以及变化速度；

④环境介质（如干燥空气、高温蒸汽或燃气）；

⑤测量精度要求。

导线选择主要根据工作温度范围，必要时导线还需加绝缘套管，用作导线合金材料的选择可参见表 8-2。目前国内生产的高温绝缘测控导线的最高工作温度有 500℃、800℃ 和 1000℃ 等，有单芯、双芯、三芯等结构形式及相应的热电偶。常用中、高温导线材料见表 8-2。

表 8-2　中、高温导线材料选用参考

序号	导线材料	使用温度（℃）	特点	与应变计引线连接方法
1	康铜线	≤300	α_T 小	锡焊、熔焊
2	考铜线	≤400	α_T 小	银焊、熔焊
3	卡玛合金线	静态≤550 动态≤700	α_T 小，ρ 大	熔焊
4	镍铬线	≤800	α_T 大，ρ 大	熔焊
5	镍线	≤800	α_T 大，ρ 小	熔焊
6	铂钨线	≤800	α_T 大，价贵	熔焊
7	金钯线	≤800	α_T 大，价贵	熔焊
8	铁铬铝线	500～1000	α_T 小，ρ 大	熔焊

4. 三线法

在非常温环境下进行应变测量时，导线电阻受温度变化的影响也产生热输出，并且大多数条件下很难准确模拟出导线所经历的温度变化状态，无法测定导线的热输出并进行修正，因此常采用的三线连接方法来消除导线热输出的影响。如图 8-4 所示，在每个应变计引线上接出三根长度、尺寸和材料相同的导线，由于工作臂和补偿臂中的导线电阻相等，并且处于相同的温度环境中，所产生的电阻变化能够互相抵消，起到温度补偿作用。采用三线法进行应变测量时，虽然增加了导线数量及准备工作量，但使用效果良好，并且可以省去导线热输出的标定，因此这种方法常被采用。

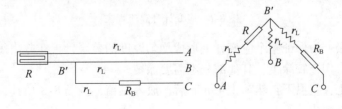

图 8-4　三线法工作原理

8.1.3　高温应变计的安装方法

对于中、高温应变计，常用的安装方法有粘贴、焊接两种方法。

（1）对箔式高温应变计，可采用粘贴方法进行安装，操作步骤和常温箔式应变计粘贴方法有较大区别。

①打磨清洗：在试件表面使用 80 目的砂纸交叉打磨处理，并用丙酮清洗试件待贴片区域，清除试件表面沙粒或油污。

②贴胶带：用厚度为 0.08mm 的聚酰亚胺胶带在打磨处交叉粘贴出涂胶区域，胶带的边缘稍微在打磨区域边缘内侧。

③打底胶：使用玻璃棒搅动陶瓷胶，使其沉积物分散均匀，将胶液滴在贴片部位，用刮刀在试件表面涂薄薄的一层陶瓷胶，涂胶面积大于贴片面积的 2～3 倍。自然干燥 45min 后，放入烘箱，按图 8-5 所述流程升温后取出准备贴片。

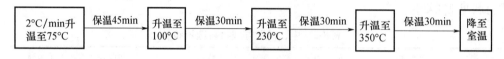

图 8-5　底胶升温流程

④贴片：按照前述方法在已固化的预涂层上用刮刀薄薄涂一层陶瓷胶，一只手拿住应变计引线，防止弯折，对准位置轻轻放上应变计，用镊子调整应变计位置，然后利用特氟龙胶带将应变计固定，再用特氟龙胶带将引线固定。在特氟龙胶带框架漏出的应变计敏感栅部位涂覆陶瓷胶，同时在应变计焊盘和引线连接处也涂刷上陶瓷胶，面积宽度与特氟龙框架涂刷陶瓷胶宽度一致。涂胶贴片后自然晾干 45min，然后放入烘箱，按图 8-6 所述流程升温后取出。

图 8-6　应变计升温流程一

⑤去除玻璃丝布固定框架：用镊子轻轻将特氟龙固定胶带去除，注意揭起胶带时不能用力过大或速度过快，以免将应变计敏感栅损坏。然后将贴有应变计的试件放入烘箱中按图 8-7 所述流程升温，降至室温后取出。

图 8-7　应变计升温流程二

⑥涂覆盖层：为保证整个应变计上形成均匀厚度的盖层，仅在露出敏感栅的部分用松软的毛刷蘸取陶瓷胶涂覆，其他部分不需要涂覆。

⑦最终固化：室温下自然晾干 45min 后，放入烘箱，按图 8-8 所述流程升温，降至室温后最终完成固化。

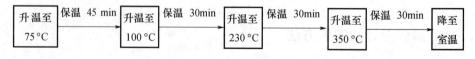

图 8-8　应变计升温流程三

⑧焊接引线：引线采用电阻熔焊方式，直接将应变计引线和测量导线熔焊到一起。

（2）对焊接式高温应变计，一般选用专用的电焊机安装，主要操作步骤如下。

①除锈、除氧化层、除保护膜：首先将应变计所要焊接的位置用300～450目的砂纸打磨，除去涂漆、锈迹、镀层、氧化层等。同时对焊接式应变计金属基础体背面和上表面边缘进行打磨处理，除去污渍、氧化层等，形成新鲜的金属表面，便于进行可靠焊接。

②划线定位：在被测金属构件上需要测量的位置，沿预安装的方向做好标记。

③清洁焊接区：用棉球蘸丙酮等有机溶剂清洁焊接区表面。在清洁过程中，沿着单一方向擦拭，直至棉球上没有明显可见污渍。

④试焊、调整焊接参数：先用厂商提供的焊接试验片与被测金属构件进行焊接，调试焊接参数。然后打开点焊机电源，设置焊接参数（焊接能量由低到高依次设置和实验）。一般合适的焊接参数，既能满足将焊接试验片牢固焊接在被测试验件上，又无较深的焊接熔核。记录和保持合适的焊接参数，准备进行焊接式应变计的正式安装。

⑤胶带固定：为了准确对位焊接，需要用胶带暂时固定住焊接式应变计。固定时，分清楚焊接式应变计的正反面，应变计正面朝上，目测焊接式应变计的定位标对准应变计安装位置的定位线，用胶带把焊接式应变计固定在被测金属构件上。然后用点焊机在合适位置点焊1个定位焊点，以便初步固定其位置。位置固定好之后就撕掉胶带，准备下一步正式点焊安装应变计。

⑥正式点焊：为保证整个应变计上形成厚度均匀的盖层，仅在露出敏感栅的部分用松软的毛刷蘸取陶瓷胶涂覆，其他部分不需要涂覆。

点焊机输出两个焊枪，一个焊枪夹持在被测构件上，另一个手握焊枪，近似垂直地压在焊接式应变计金属基础体边缘上，略施压力，闭合一次焊接开关，即完成一次焊接。按顺序点焊，完成整个焊接式应变计的安装。

焊接顺序如图8-9所示，依次为A_1、A_2、A_3、A_4、A_5、A_6、A_7、A_8，方向如箭头所示。起始点靠近应变计边的中心，然后依据箭头方向所示按焊点标记进行点焊，焊点痕间距均匀。

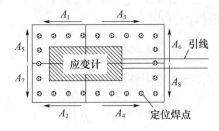

图8-9 应变计焊接顺序

⑦安装质量检查：安装完成后，检查应变计电阻值、绝缘电阻、密封层、防护层、引线等质量。安装质量没有任何问题，可以开始接线、布线测试或根据需要做进一步的防护处理。

（3）还有一种临时基底的高温应变计，它是将应变计敏感栅制造在临时基底上

（紫铜或聚四乙烯布框架），如图 8-10 所示。这种高温应变计安装时一般用喷涂金属氧化物的方法，喷涂安装方法有两种：一种是火焰喷涂。即将氧气和乙炔在喷枪内混合燃烧形成火焰，然后将棒状氧化铝以一定速度送入喷枪中被火焰熔化，同时喷枪中经过过滤的压缩空气（压力约为 0.55MPa）将熔融的氧化铝从喷嘴中喷出，喷在构件表面上，形成均匀细致的氧化铝涂层。另一种是等离子喷涂。喷枪内有正负极，激发两电极产生电弧，通过被送入喷枪的惰性气体压缩成一束等离子火焰，将氧化铝细粉灌入喷枪中，氧化铝粉被火焰熔化后喷出，在试件表面上形成涂层。后一种装置火焰温度高，喷涂速度快，因此涂层质量高，但装置复杂，耗电量大。采用喷涂安装方法时，先将构件表面安装应变计部位清除油污，再进行表面喷砂处理，砂粒度 40 ~ 70 目，压力 0.2 ~ 0.3MPa，然后喷涂一层厚度为 0.01 ~ 0.07mm 的金属热膨胀过渡层，再喷涂 0.1 ~ 0.2mm 厚的氧化铝底涂层。将临时基底应变计框架向上用胶带固定在底涂层上。将喷嘴垂直于表面并距离 100mm 左右，沿敏感栅栅长方向移动喷涂氧化铝，用溶剂溶去临时基底框架，然后对敏感栅喷涂使其全部被涂层覆盖，只露出应变计引线。这种高温应变计常用于大构件在 800 ~ 1000℃ 高温下的应变测量。

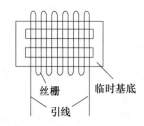

丝栅　　临时基底
引线

图 8-10　临时基底高温应变计

8.1.4　测量数据处理

非常温环境中应变测量的数据处理主要有以下几个方面。

1. 导线电阻修正

在中、高温环境下的应变测量，用作导线的耐高温合金电阻较高，在导线不是很长的情况下其电阻值也可达到几欧至几十欧，故需要进行修正。单臂双线法的电阻修正公式同常温环境下长导线电阻修正公式：

$$\varepsilon = \varepsilon_i \left(1 + \frac{R_L}{R} \right)$$

采用三线法进行接线时，导线电阻修正公式为：

$$\varepsilon = \varepsilon_i \left(1 + \frac{r_L}{R} \right) \tag{8-2}$$

式中，r_L 为单根导线的电阻值。

2. 热输出修正

按照抽样标定或在构件上实际标定的热输出曲线，用测点实际温度下的热输出对应变读数进行修正，即：

$$\varepsilon_i' = \varepsilon_i - \varepsilon_T \tag{8-3}$$

在实际测试中，为了处理数据方便，可在标定和测试时调节仪器的灵敏系数相同，比如标定应变计热输出曲线时，可令仪器灵敏系数 $K_i = 2.00$，在测量应变时也使 $K_i = 2.00$，这样可以从应变读数中直接扣除相应温度下的热输出。

标定应变计热输出时，若包含了导线电阻影响，则实际测量时的导线接法及温度场的变化状态应与标定时相同，且要先修正热输出，然后再进行导线电阻修正。

3. 灵敏系数修正

由于应变计灵敏系数随温度而变化，仪器的灵敏系数 K_i 则为固定值，因此应按测点的实际温度进行灵敏系数修正：

$$\varepsilon''_i = \frac{K_i \varepsilon'_i}{K_T} \tag{8-4}$$

式中，K_T 为应变计在不同温度下的灵敏系数。

4. 其他系数修正

对于长时间的应变测量，还应考虑应变计在不同温度下的零漂和蠕变的影响。对于多次升、降温循环的应变测量，要对应变计的热滞后等因素引起的系统误差进行修正。

经过一系列修正后，才能得到构件产生的真实应变，据此再计算出测点的应力（弹性情况下，需有各温度下材料弹性模量和泊松比数据 E_T、μ_T）。

除了以上系统误差修正外，对于应变计灵敏系数的分散和热输出分散等随机误差是无法修正的。在中高温条件下，应变计灵敏系数的分散误差为 2% ~ 4%，而应变计热输出的分散要大得多。例如中温应变计热输出的标准误差可达 30 ~ 50$\mu\varepsilon$，一般的高温应变为 50 ~ 100$\mu\varepsilon$。若测量的应变在 500 ~ 1000$\mu\varepsilon$ 范围内，其热输出分散误差可达到 10% 以上。所以对于非常温条件下的应变测量，减小应变计热输出的分散是提高测量精度的关键。较理想的方法是在每个应变计安装在构件表面之后，按照测点的实际温度变化状况，事先标定各应变计的热输出（为了避免构件受热应力的影响，应缓慢地升、降温度），这只能用在尺寸较小的构件上及温度变化能重复实现的情况下。对于大型钢结构构件高温应力测量，可采用焊接式高温应变计，这种应变计的金属基底具有一定刚性，可在焊接前进行空片热输出的分选，把热输出较接近的应变计一起使用，这样其热输出的分散可明显减小。应变计的空片热输出分选采用一个不锈钢盒子，盒内分几层，每层可放置 10 个应变计，将应变计引线焊接导线并引出盒子到高温炉外，接电阻应变仪，在电炉升温过程中测量各应变计空片热输出，挑选热输出较接近的各应变计一起使用。

8.2 残余应力测量

构件在制造过程中，将受到来自各种工艺因素的作用与影响。当这些因素消失之后，若构件所受到的上述作用与影响不能随之完全消失，仍有部分作用与影响残留在构件内，则这种残留的作用与影响就是残余应力。

残余应力几乎会在每个加工步骤中产生，对材料和结构构件的使用性能，特别是疲劳寿命、变形、尺寸稳定性、耐腐蚀性及脆性断裂性能具有很大影响。这种影响通常会给部件、设备和结构的修理修复带来相当大的开支，且使其使用寿命严重下降。因此，残余应力的存在对于结构工程是个很大的问题，残余应力分析是部件和结构设计及实际使用条件下可靠性分析中的一个必要步骤。系统的研究已经表明，焊接残余应力很可能导致焊接件疲劳强度的急剧下降，在多循环疲劳情况下，残余应力的影响可以与应力集中的影响相比拟。目前，残余应力是决定材料、部件和焊接件工程性能的主要因素之一，故应在不同产品的设计制造阶段考虑残余应力的影响。大量的工程事故和灾害与残余应力有着直接联系，因此残余应力的测量对于构件的使用、安全性及可靠性有着重大的实际意义。另外，残余应力的测量还可以反馈热处理、表面强化及应力消除等操作的数据，从而提高材料的性能。残余应力的测量对预测使用寿命、分析变形、确定失效原因具有重要意义。

随着国内外对残余应力产生机理、材料属性等的研究以及工程和科学研究中的需要，目前，发展了多种残余应力的检测方法，根据检测方法是否对被测件构成损伤，可将其分为无损检测方法和有损检测方法两大类。

1. 残余应力无损检测方法

残余应力无损检测方法又称为物理方法，主要包括 X 射线衍射法、中子衍射法、磁测法、超声波法和纳米压痕法等。其中 X 射线衍射法的理论相对完善，技术成熟度较高，对构件表面无损坏，但需要专门的设备，不便于现场测量，且只能检测构件表面的残余应力，精度也不太高。中子衍射法穿透力较强，可用于测量体积较大的固体材料内部的残余应力，但中子衍射应力测试设备建造和运行费用昂贵，中子流的流强较弱，在残余应力测量中，运行时间较长，且无法测量材料表面的残余应力。超声波法测量残余应力的基本原理是超声波声弹性效应，通过测定材料内超声波传播速度计算应力分布。目前超声波法相较于 X 射线衍射法残余应力测量精度低，且超声波波形、超声波传播方向、材料组织和应力状态等都会影响超声波在材料中的传播速度，受耦合效果、材料组织均匀性、温度等影响较大。磁测法测量残余应力对环境要求较低，测量速度快，但只适合铁磁材料的检测，测试原理相较于 X 射线衍射法、中子衍射法等相对模糊，且会出现磁污染等现象，因此应用范围较小。纳米压痕法是一种涉及多学科的科学技术，借鉴了硬度试验方法和盲孔法残余应力测量方法，是根据应力场干涉理论而形成的一种全新的残余应力测试方法。纳米压痕法作为一种新兴残余应力测试方法，相关理论还不成熟，在测试方法、计算方法、面积函数、影响因素等方面仍待深入的研究。但因其适用性强，且可以进行微区测试，随着理论的完善和有限元技术的发展，纳米压痕法将成为残余应力测试的重要手段之一。

2. 残余应力有损检测方法

残余应力有损检测方法又称为机械法，主要原理是通过破坏构件的一部分，实现应力的释放，通过测量应力释放过程材料产生的应变，再由力学分析计算得到材料原有的应力。常用的有损检测残余应力方法有钻孔法、切槽法、剥层法等。钻孔法可以根据是否将孔钻通分为通孔法和盲孔法，两者测量原理相同，但应变释放系数计算方法不同。通孔法应变释放系数可以通过弹性力学理论直接计算，盲孔法则需用实验标定。盲孔法对材料的损伤程度要低于通孔法。切槽法的基本原理是在材料上切槽形成残余应力释放区，利用应变片或应变花测量应力释放产生的应变，求出切槽部位的残余应力。剥层法的基本原理通过逐层去除材料，使残余应力释放，残余应力的释放引起材料应变，通过测量应变即可得到剩余部分的残余应力值。钻孔法测定残余应力主要原理是在材料上钻孔使残余应力松弛，利用应变计测量应力松弛引起的应变，进而计算出残余应力。钻孔法对构件破坏最小，通常不影响构件的继续使用。该方法设备简单，操作方便，可携带性强，测量精度较高，应用日益广泛。此节重点介绍钻孔法测量残余应力的原理和技术。

8.2.1　钻孔法测量残余应力的基本原理

如图 8-11 所示，假定某块各向同性板中存在某一残余应力 σ_R，若钻一小孔，孔边的径向应力降为零，该应力称为释放应力，可用应变计测试相应应变。通常表面残余应力是平面应力状态，有两个主应力和主方向角 3 个未知量，可用 3 个敏感栅组成的应变花进行测量。通孔情况应变花的布置如图 8-12 所示。

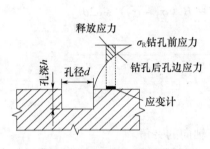

图 8-11　钻孔应力释放原理

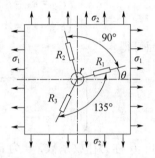

图 8-12　钻孔时应变花布置

采用极坐标 r、θ，钻孔前 P 点 (r, θ) 的应力状态为：

$$\begin{cases} \sigma_{r_0} = \dfrac{1}{2}(\sigma_1+\sigma_2) + \dfrac{1}{2}(\sigma_1-\sigma_2)\cos2\theta \\[2mm] \sigma_{\theta_0} = \dfrac{1}{2}(\sigma_1+\sigma_2) - \dfrac{1}{2}(\sigma_1-\sigma_2)\cos2\theta \\[2mm] \tau_{r\theta_0} = \dfrac{1}{2}(\sigma_1-\sigma_2)\sin2\theta \end{cases} \tag{8-5}$$

钻孔后 P 点的应力状态为：

$$\begin{cases} \sigma_{r_1} = \dfrac{1}{2}(\sigma_1+\sigma_2)\left(1-\dfrac{a^2}{r^2}\right) + \dfrac{1}{2}(\sigma_1-\sigma_2)\left(1+\dfrac{3a^4}{r^4}-\dfrac{4a^2}{r^2}\right)\cos2\theta \\[2mm] \sigma_{\theta_1} = \dfrac{1}{2}(\sigma_1+\sigma_2)\left(1+\dfrac{a^2}{r^2}\right) - \dfrac{1}{2}(\sigma_1-\sigma_2)\left(1+\dfrac{3a^4}{r^4}\right)\cos2\theta \\[2mm] \tau_{r\theta_1} = \dfrac{1}{2}(\sigma_1-\sigma_2)\left(1-\dfrac{3a^4}{r^4}+\dfrac{2a^2}{r^2}\right)\sin2\theta \end{cases} \tag{8-6}$$

由平面应力状态下的广义胡克定律可知：

$$\begin{cases} \varepsilon_r = \dfrac{1}{E}(\sigma_r-\mu\sigma_\theta) \\[2mm] \varepsilon_\theta = \dfrac{1}{E}(\sigma_\theta-\mu\sigma_r) \end{cases}$$

可求得径向的释放应变 ε_r 为：

$$\varepsilon_r = \dfrac{1}{E}\left\{\dfrac{\sigma_1+\sigma_2}{2}\left[-(1+\mu)\dfrac{a^2}{r^2}\right] + \dfrac{\sigma_1-\sigma_2}{2}\left[2(1+\mu)\dfrac{a^4}{r^4}-4\dfrac{a^2}{r^2}\right]\cos2\theta\right\} \tag{8-7}$$

令：

$$A = -\frac{1}{2E}(1+\mu)\frac{a^2}{r^2}, \quad B = \frac{1}{2E}\left[2(1+\mu)\frac{a^4}{r^4} - 4\frac{a^2}{r^2}\right]$$

可得：

$$\varepsilon_r = A(\sigma_1 + \sigma_2) + B(\sigma_1 - \sigma_2)\cos2\theta \tag{8-8}$$

式中有 3 个未知量：主应力 σ_1、σ_2 和主方向角 θ，需要用 3 个方程式联立求解。通常采用径向排列的 3 个不同角度敏感栅组成的应变花，有 $\theta_1 = \theta$，$\theta_2 = \theta + 90°$，$\theta_3 = \theta + 235°$。若敏感栅 R_1、R_2、R_3 感受到的释放应变分别为 ε_1、ε_2、ε_3，代入式（8-8）可得：

$$\begin{cases} \varepsilon_{r1} = \varepsilon_1 = A(\sigma_1 + \sigma_2) + B(\sigma_1 - \sigma_2)\cos2\theta \\ \varepsilon_{r2} = \varepsilon_2 = A(\sigma_1 + \sigma_2) - B(\sigma_1 - \sigma_2)\cos2\theta \\ \varepsilon_{r3} = \varepsilon_3 = A(\sigma_1 + \sigma_2) - B(\sigma_1 - \sigma_2)\sin2\theta \end{cases}$$

进而可得：

$$\begin{cases} \sigma_{1,2} = \dfrac{\varepsilon_1 + \varepsilon_2}{4A} \pm \dfrac{1}{4B}\sqrt{(\varepsilon_1 - \varepsilon_2)^2 + (2\varepsilon_3 - \varepsilon_1 - \varepsilon_2)^2} \\ \tan2\theta = \dfrac{2\varepsilon_3 - \varepsilon_1 - \varepsilon_2}{\varepsilon_2 - \varepsilon_1} \end{cases} \tag{8-9}$$

式中，A、B 称为释放系数，θ 为 σ_1 方向和 R_1 轴向的夹角。

当被测构件的厚度尺寸比孔径大很多时，常钻成盲孔。对于盲孔，受单向拉伸应力作用，采用三维有限元计算，得到孔边附近应力分布与通孔时的应力分布形式类似，应力集中系数 K 只在数值上有差别，因此盲孔时的主应力 σ_1、σ_2 与 ε_1、ε_2、ε_3 的关系仍可用式（8-9）的形式，只是 A、B 不能由上述所列公式求得，需用实验方法确定。

A、B 这两个释放系数中包含材料弹性常数 E、μ 的影响，有时用另两个系数 k_1、k_2 表示 A、B，设：

$$A = \frac{1}{2E}(k_1 - \mu k_2), \quad B = \frac{1}{2E}(k_1 + \mu k_2)$$

则式（8-9）可表示为：

$$\sigma_{1,2} = \frac{E}{2}\frac{1}{k_1}\left[\frac{\varepsilon_1 + \varepsilon_2}{1 - \dfrac{\mu k_2}{k_1}} \pm \frac{1}{1 + \dfrac{\mu k_2}{k_1}}\sqrt{(\varepsilon_1 - \varepsilon_2)^2 + (2\varepsilon_3 - \varepsilon_1 - \varepsilon_2)^2}\right] \tag{8-10}$$

式中，$\dfrac{1}{k_1}$、$\dfrac{\mu k_2}{k_1}$ 也由实验方法测定。

8.2.2　释放系数的测定

通常在已知的应力场中测定释放系数 A、B 或 $\dfrac{1}{k_1}$、$\dfrac{\mu k_2}{k_1}$，采用均匀的单向拉伸应力场最为简便，拉伸试件尺寸如图 8-13 所示。

在轴向施加拉力 F，应变花中敏感栅 R_1 与轴向重合。此时 $\sigma_2 = 0$，$\theta = 0°$，由式（8-9）和式（8-10）可得：

$$\begin{cases} A = \dfrac{\varepsilon_1 + \varepsilon_2}{2\sigma} \\ B = \dfrac{\varepsilon_1 - \varepsilon_2}{2\sigma} \end{cases} \tag{8-11}$$

$$\begin{cases} \dfrac{1}{k_1} = \dfrac{\varepsilon_{10}}{\varepsilon_1} \\ \dfrac{\mu k_2}{k_1} = -\dfrac{\varepsilon_2}{\varepsilon_1} \end{cases} \qquad (8\text{-}12)$$

式中，ε_1 为钻孔后 R_1 的释放应变；ε_2 为钻孔后 R_2 的释放应变；ε_{10} 为 R_1 在钻孔前试件受拉时的应变，$\varepsilon_{10} = \sigma/E$。

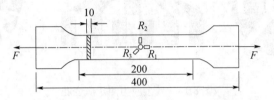

图 8-13　释放系数测定的拉伸试件尺寸

1. 测定要求

（1）试件材料与残余应力测试构件材料相同，试件经退火处理，不存在初始应力。

（2）试件截面上拉伸应力均匀分布，施加应力 σ 应小于 $\sigma_s/3$（σ_s 为屈服极限），以保证孔边不产生局部屈服。

（3）钻孔孔径 d 应远小于试件尺寸，钻孔中心距试件边界应 $\geqslant 8d$，试件厚度应 $\geqslant 4d$，在同一试件上进行多个钻孔测定释放系数 A、B 时，相邻两孔中心距离应 $\geqslant 5 \sim 8d$。

（4）应尽量消除钻孔时产生的机械切削应力。

2. 测定步骤

（1）在试件上粘贴测残余应力的应变花，连接应变测试仪，将试件安装在材料试验机中并进行调整。施加初载 P_0，继续加载到 P，读取各应变读数。重复加、卸载三次，取平均值为钻孔前的 ε_{10}、ε_{20}、ε_{30}。

（2）从试验机上卸下试件并钻孔。

（3）将钻孔后的试件重新装入试验机，施加初载 P_0，继续加载到 P，读取各应变读数。重复加、卸载三次，取平均值为钻孔后的 ε_1'、ε_2'、ε_3'。

（4）可得施加 $P - P_0$（相应应力 σ）后的释放应变：

$$\varepsilon_1 = \varepsilon_1' - \varepsilon_{10}, \quad \varepsilon_2 = \varepsilon_2' - \varepsilon_{20}$$

代入式（8-11）可得释放系数 A、B。释放系数与材料的弹性常数 E、μ、钻孔的孔径 d 和孔深 h、应变花几何尺寸等有关。实验证明，当孔深 h 大于孔径 d 时，A、B 的值与 h 无关；h 小于 d 时，A、B 的值与 h 有关。另外，由于 A、B 的值与弹性常数 E、μ 有关，测残余应力时，应对每种被测材料预先实验测定 A、B 值。

8.2.3　钻孔法测残余应力的试验技术

1. 钻孔技术

测残余应力专用应变花的形状如图 8-14 所示，应变花用 502 快干胶粘贴，粘贴方法参考常温应变计粘贴方法。典型钻孔装置如图 8-15 所示，3 个支座可调节高度，以保证钻孔时钻杆垂直于被测表面。显微镜中十字线通过 x、y 方向 4 个微调螺丝调节，对准应变花孔中心标志后锁紧，显微镜对中的精度在 ± 0.025mm 以内。取出显微镜筒，装入钻杆，用手电钻传动钻杆钻孔。钻孔时可先用略大于钻孔直径的端面铣刀插入导向套筒轻轻转动，将孔径部位的基底挖去，再用小直径短柄麻花钻钻中心孔，钻速应较低以减小切削引起的附加应变，最后用同孔径麻花钻轻轻扩孔，孔深由塞块控制。

图 8-14　残余应力测定应变花

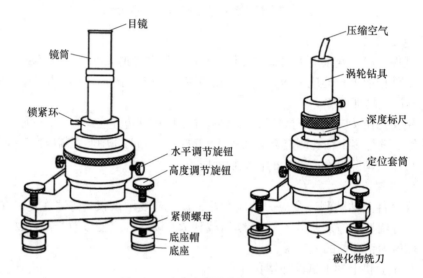

图 8-15　残余应力测定典型钻孔装置

2. 附加应变

钻孔时，由于刀具削切金属引起孔边塑性挤压，产生附加应变 ε_f。若钻孔时操作不当，附加应变 ε_f 可能很大，将严重影响测量精度。附加应变除与刀具锋利程度、被测材料硬度和操作技术有关外，还与孔边到敏感栅的间距 R_d 有关。试验表明，孔边到敏感栅的间距 R_d 增大时附加应变 ε_f 急剧减小，但当敏感栅栅长不变时，R_d 增大则导致残余应力测量灵敏度下降，典型的残余应力应变花实验测得的附加应变 ε_f 及其标准误差 $\pm S$ 为（$-20 \sim -40$）$\pm 10 \mu\varepsilon$。

3. 误差分析

钻孔法测定残余应力的误差来源有以下几种：

（1）应变计灵敏系数及其分散度；

（2）应变计热输出，应采用温度自补偿应变计，控制钻孔速度及进刀量以尽量减小热输出；

（3）钻孔对中偏心引起测量误差；

（4）孔径分散度、孔的不圆度、孔深尺寸误差；

（5）钻孔时引起的附加应变；

（6）被测构件表面或厚度方向存在应力梯度引起误差。

上述前五项为测量基本误差，前四项可通过多个应变花钻孔标定 A、B 释放系数，反映在其分散度中。附加应变影响可修正，但对其分散度须进行误差考虑。一般测量残余应力的误差为 5% ~ 10%。

4. 喷砂打孔技术

用钻头钻孔会产生附加应变并有较大分散度，而且对于高强钢、淬火后零件或玻璃、陶瓷等材料，难以用钻头钻孔。目前，国内外已研究出喷砂打孔方法，即用气砂混合气流磨蚀。国产便携式回转喷嘴打孔装置喷砂打孔直径 1 ~ 3mm 可调。喷砂打孔法引起的附加应变，比钻头打孔方法小很多。试验测定，对退火后 45# 钢，附加应变 $\varepsilon_f = -2.9 \pm 2.1\mu\varepsilon$（标准差），对不锈钢，$\varepsilon_f = (1 \sim 1.9) \pm 5.6\mu\varepsilon$。

8.3 运动构件应变测量

研究机械构件强度时，经常需要在运动的机械构件上进行应力应变测量，例如汽车传动轴、汽缸活塞、连杆和曲轴、水轮机主轴和叶片、涡轮发动机的旋转盘等构件的应力应变测量。测量实际运动工况下机械构件所受荷载和应力的分布和变化，对于实际荷载状况复杂的机械构件强度设计非常重要。

运动构件的应变一般分静态应变和动态应变两类。若机械转动时转速不变，则由于离心力产生的应力应变也保持不变，例如汽轮机叶轮旋转，叶片上的离心力在转速不变时是不变的；水轮机主轴在功率、转速不变时扭矩产生的应力应变不随时间变化，此类应变为静态应变。动态应变分为周期应变、冲击应变和随机性应变等，例如汽车在路面上行驶，路面不平整度是随机分布的，则汽车主轴上应力应变属随机性的。测量运动构件中应力应变须着重解决以下几个技术问题，才能得到满意的测量结果。

（1）机械构件运动时应变计受惯性力和气流冲刷，因此对应变计和连接导线应进行专门的防护，以免损坏而使测量失败。

（2）机械构件运动时，由于空气摩擦使构件表面温度升高，且温度分布不均匀和不稳定，应采取特殊的应变计温度补偿技术。

（3）在旋转运动构件上测量应变时，因应变计安装在构件上随构件旋转，而电阻应变仪是固定不动的，因此应变计信号不能直接用导线传递到应变测量仪器，需采用集流器装置。

（4）对旋转或其他运动形式构件进行应变测量时，有时需采用无线电发射方法，这称为应变遥测技术。

8.3.1 应变计和导线的防护

运动构件上的应变计和导线，除温度外还承受大的惯性力和气流冲刷力。这两种力可能使应变计尤其是导线从构件上剥离而损坏，因此必须对应变计和导线进行保护。

由于应变计质量很小，而应变计黏结剂的抗剪强度一般均大于 6 ~ 10MPa，应变计可以承受不大于（3~5）×10^4g（g：重力加速度）加速度所产生的惯性力。一般运动构件的加速度不会超过10^4g，因此只要应变计粘贴质量良好，不会因惯性力而脱落。但是连接应变计的导线，因粘贴面积小而且质量较大，在高速运动构件上应采用牢固的固定方法，为了减小惯性力，导线直径一般不超过0.5mm。

气流冲刷对应变计和导线的破坏要严重得多。一般情况下，空气中对运动构件上应变计的保护方法是：在应变计粘贴后用同种黏结剂在其表面再涂几层，直到应变计被完全覆盖为止。也可用不锈钢薄片在应变计表面四周点焊固定进行保护。但是，对于像汽轮机叶片等在过热蒸汽冲刷下，应变计和导线较难保护，应使用与构件材料相同并有一定刚度的防护罩罩住应变计，在四周密封焊接，防止蒸汽渗透，罩顶用细管引出导线。防护罩刚度必须适当，刚度太小不足以防护，太大又影响测点处应力分布。管状焊接式高温应变计可使敏感栅和导线都得到密封保护，经牢固焊接安装之后，是一种比较理想的耐冲刷、耐介质渗透的应变计。

导线的固定和防护主要有粘贴法和焊接法两种方法。

（1）粘贴法。预先打磨清洗导线走线位置（叶片不允许用砂纸打磨以免产生疲劳裂纹），先用高温黏结剂把一层玻璃纤维布绝缘材料粘在构件表面上，再将导线粘于其上，外边用黏结剂覆盖一层玻璃纤维布。黏结剂的固化处理与应变计相同，为了防止高温、高压气流侵入保护层，必须粘贴严密，不允许存在气泡。

（2）焊接法。对于高温导线可用点焊方法，用不锈钢薄片压住绝缘导线而加以固定，把整束导线紧紧包住，不得有空隙。用此法时需注意导线方向不能与离心力方向重合。若叶轮上导线通过圆心沿径向敷设，则由于离心力，导线可能从薄片中抽出而损坏。正确的走线方法是沿曲线方向（图8-16），固定薄片可把导线挡住而得到保护。此外，导线与应变计引线连接焊点要牢固，引线处应有松弛圆弧段以免引线受力损坏。对于某些动平衡要求高的高速旋转构件，在布置应变计和导线时应考虑对称性，以免引起振动而损坏。可优先使用管状焊接式应变计，其导线是密封管包装，既能抗蒸汽又能点焊固定于构件上，应用方便可靠。

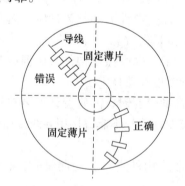

图8-16　导线在选择叶轮上的布置方案

8.3.2　温度补偿方法

运动构件的温度升高主要有两个原因：一是由于运动构件在高温介质中工作，因热传导使构件温度升高，例如汽轮机叶片在高温过热蒸汽下工作，叶片温度可高达500℃

以上；二是由于构件高速运动时与周围空气摩擦使构件温度升高，例如直径 1.5m 的叶轮，在 10000r/min 转速运动下叶轮温度可升高约 80℃。构件高温应变测量方法见本章 8.1 节，此处只就运动构件的特点及采用的方法进行讨论。

（1）运动构件一般不宜采用补偿块的温度补偿方法，因为补偿块可能由于运动的惯性力大而被甩掉，且补偿块温度很难与构件测点温度相同，因此测量运动构件上的应变，最好使用能与构件材料热膨胀能良好匹配的温度自补偿应变计。在没有温度自补偿应变计时，可采用半桥补偿方法，但必须保证温度相同，补偿应变计粘贴处无应变并粘贴安装牢固。如用焊接式应变计时，可在测点上布置补偿应变计（用空片点焊固定）。

（2）在对试验台架上的运动构件进行应变测量时，可以用机罩把运动构件封闭起来，用真空泵抽真空，以减少气流摩擦，从而减少温度变化。

（3）一般运动构件启动时为室温，随着构件的运转，温度逐渐升高，然后达到稳定。可在整机运行一段时间，等温度稳定后停车，利用机械热惯性大的特点，立即进行应变测量仪器调零，然后再启动运转进行测量，这样可减小热输出的影响，得到较准确的测量结果。此外，为了消除导线电阻受温度变化引起的热输出影响，可对温度自补偿应变计采用三线式连接法。

8.3.3 旋转构件的应变信号传递装置

旋转构件进行应变测量时，安装在构件上的应变计与构件一起旋转，而应变测量仪器静止不动，必须有一传递装置将旋转构件的应变信号传递到应变测量仪器，这种装置称为集流器，又称引电器。

集流器主要由两部分组成：一部分与应变计连接，随构件转动，称为转子；另一部分与应变仪导线连接，静止不动，称为定子。转子与定子既能相对运动又能传递应变计输出的电信号，集流器也可用于传递热电偶及其他传感器的电信号。

集流器按安装部位不同可分为轴通式和轴端式两种：轴通式集流器的转子安装在旋转构件轴上，转子的轴径与被测轴径相同；轴端式集流器是转子与旋转构件轴端相接，因此尺寸不受构件限制。

集流器的性能要求主要有以下几点：

（1）集流器转子与定子之间接触电阻很小且稳定；

（2）集流器在转动时摩擦升温小；

（3）集流器各通道与地之间绝缘电阻高（ >100MΩ）；

（4）体积小，便于安装，耐高温、耐振动；

（5）工作寿命长，使用安全，对有毒材料有防护措施。

常用的集流器有三种：电刷式集流器、拉线式集流器、感应式集流器。下面介绍每种集流器特点。

1. 电刷式集流器

电刷式集流器利用电刷和金属滑环之间滑动接触传递应变信号，适用于不大于 40000r/min 转速或小于 1.5m/s 线速度的旋转构件应变测量。

电刷材料用含 60% ~85% 银的含银石墨，滑环材料有铜、银或蒙乃尔合金（60% ~

70%Ni，25%~35%Cu，1%~3%Mn）等。碳刷集流器的滑环采用造币银与85%含银石墨制成，可使用于转速至10000~15000r/min的旋转构件。按电刷的接触方式，电刷集流器可分为周面接触与端面接触两种。

（1）周面接触电刷集流器。这种集流器如图8-17所示。旋转轴上应变计的导线与集流器的银环焊接，银环通过压紧力或花键等方式与集流器轴固定并同构件一同旋转。电刷靠弹簧片与银环下的周面接触，并保持一定压力，通过电刷与滑环之间的接触把应变信号传递给应变仪，银环与轴之间采用夹布胶木绝缘，在绝缘层上开槽通过导线。同一银环上一般用两个以上电刷头以减小接触电阻，刷头布置尽量对称，保证滑环运动平稳。

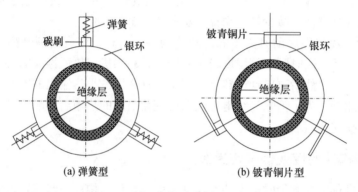

图8-17 周面接触碳刷集流器示意图

（2）端面接触电刷集流器。这种集流器如图8-18所示。电刷焊接在经过热处理具有良好弹性的铍青铜片上，一个铍青铜片上焊有两个电刷，与银环端面接触并保持一定的压力。端面接触集流器所占空间尺寸较大，一般安装在轴端。

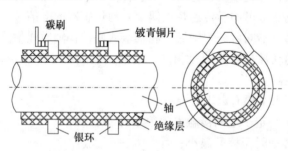

图8-18 端面接触碳刷集流器示意图

这两种集流器工作性能都较好，各有优缺点。集流器电刷与滑环之间的接触压力可以调节，集流器零件加工质量要求高，要保证滑环与轴中心线的同心度和垂直度。

国内生产的碳刷式集流器最高可用于转速15000r/min的旋转构件，它具有20~42个通道，采用压缩空气冷却和吹走碳刷与滑环摩擦产生的磨屑，降低升温并保证绝缘。此外，采用气动元件控制，平时电刷与滑环脱离，测量时电刷与滑环保持一定接触压力，这样可增加集流器使用寿命。例如Y26型42环小型刷环集流器的主要性能为：刷环数42，每环两个电刷，外形尺寸为φ44mm，长为224mm，质量为650g，刷环之间电

阻小于 0.1Ω，工作转速 $\geqslant 10000 \text{r/min}$，环与壳体、环间绝缘电阻大于 $200\text{M}\Omega$，1/4 桥接线时刷环之间静态接触电阻变化引起应变值小于 $30\mu\varepsilon$。将该集流器应用于某发动机低压涡轮叶片离心应力测量，转速分别为 300r/min、10000r/min、11200r/min。表 8-3 中列出其中 3 枚应变计在 3 种转速下的应变测量数据。

表 8-3 涡轮叶片离心应力测试中部分应变测试数据 （$\mu\varepsilon$）

转速 （r/min）	应变计号		
	13#	30#	39#
3000	186	124	88
10000	1127	1418	1071
11200	1480	2144	1386

国外同类产品有：美国 6118-111-122 型集流器是 12 环的，最高转速 8000r/min，接触电阻变化 25μm/m。日本 RBE-12E 型集流器也是 12 环，最高转速 15000r/min，接触电阻变化为 60μm/m。

2. 拉线式集流器

拉线式集流器利用拉线（铜线）与铜环之间的滑动接触传递信号。它一般应用于圆周线速度较低（<4m/s），而且轴端不能安装集流器的低转速旋转构件的应变测量。图 8-19 为在水轮机主轴上安装的拉线式集流器示意图。在水轮机轴上绕有紫铜片做的铜环，其厚度为 0.5~1mm，宽度为 20~50mm，铜环与轴之间有黄蜡绸等绝缘层。拉线用直径为 1mm 的紫铜线制成，两端连接在固定支架上，利用弹簧使铜线压紧在铜环上。每一铜环上连接应变计的一根导线，如测量主轴的扭矩，可用 ±45° 四枚应变计接成全桥，4 根导线需四对铜环和拉线。应变信号通过铜环和拉线滑动接触传递给应变仪。拉线式集流器使用时应防止轴旋转拉线与铜环脱离，拉线与铜环包角应大于 120°，保证接触面积较大，并将应变计接成全桥，集流器接在桥臂外的测量线路中以减小接触电阻影响。

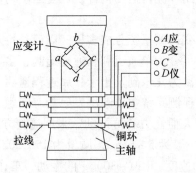

图 8-19 拉线式集流器用于水轮机主轴

拉线式集流器适用于低转速的构件应变测量，一般由测量人员根据具体转轴尺寸自制，测量使用后铜线、铜环已磨损不能再用。

3. 感应式集流器

上述两种集流器都是接触式的，感应式集流器属非接触式的。它利用电磁感应传递应变信号。应变仪供桥交流电压通过静 1 线圈，由电磁感应传到动 1 线圈，再传到应变计电桥桥压端，电桥输出信号通过动 2 线圈感应传到静 2 线圈，再传到应变仪。动 1、动 2 线圈与应变计连接，与构件一起转动，静 1、静 2 线圈与机壳连接而不动。这种集流器的缺点是：静、动线圈之间的间隙和变压器损耗引起标定值变化和测量结果误差。它适用转速在 3000r/min 左右。

以上 3 种集流器的主要性能比较列于表 8-4 中。集流器由接触电阻产生的虚应变须事先进行测定，以确定测量误差。

表 8-4 各种集流器主要性能比较

性能项目	集流器类别		
	电刷式	拉线式	感应式
接触电阻（Ω）	10^{-3}	10^{-2}	有磁阻
安装位置	轴端 轴通（小直径）	轴通	轴端 轴通（小直径）
工作寿命	几十小时	一次性	长期
最大转速（r/min）	40000	<100	3000
最大线速度（m/s）	15	<4	

8.3.4 运动构件应变遥测技术

运动构件应变的测量，除了采用集流器传递信号的方式外，还可采用遥测方式。测量时将超小型发射机安装在运动构件上随构件一起运动，粘贴在构件表面上的应变计组成测量电桥与发射机连接，应变信号经发射机调制后由发射天线以电磁波的形式发射。固定在静止结构件或附近地面上的接收机由天线接收到电磁波信号，经解调复原为与应变有关的电信号，由记录仪记录。这种遥测方式避免了从运动构件引出导线的困难，不存在接触电阻影响，具有噪声小、耐冲击、抗振动、安装和使用方便等优点，可用于较高转速构件，特别适用于封闭外壳内运动构件及往复运动构件等不能安装集流器又不能引出导线的情况。

由于测量对象不同，应变遥测系统分成多种。以信号特点不同分为静应变、动应变和测温遥测系统。从通道数可分为单通道和多通道遥测，多通道中又有频分多路和时分多路两种。应变遥测一般距离为几米到几十米，属近程遥测。以发射距离远近，可分为远程和近程遥测两种。远程遥测系统主要解决发射功率问题，近程遥测要求发射系统体积小、重量轻、功耗小，耐大惯性力和抗振动。采用遥测方法的关键是有高质量、超小型发射机。目前发射机体积一般为 $5 \sim 6cm^3$，质量为 $15 \sim 30g$，可承受（$1500 \sim 10000$）g（g：重力加速度）的离心加速度，（$20 \sim 30$）g 的振动，工作温度为 $-30 \sim 150℃$，通道数可达几十个，测量时间可达几十小时。

应变遥测系统按调制方式不同可分为以下几种。

1. 调幅-调频（AM-FM）方式

调幅-调频方式的原理框图如图 8-20 所示，发射机由电源、载波振荡器供给测量电桥电压，构件变形后测量电桥输出调幅电压，经交流放大器放大，对 FM 主载波射频振荡器频率进行调制，经天线发射。接收机由天线接收弱信号，经高频放大，由混频器、振荡器将高频变为中频信号，输至中频放大器，由鉴频器将调幅调频信号解调为调幅信号，然后接到带通放大器，输出一个频率与桥源振荡器相同、振幅与被测应变信号一致的调幅电压，经检波器检波后由直流放大器放大再由记录仪记录。国产的 YIY-II 型和 Y6Y-12 遥测应变仪采用 AM-FM 调制方式。

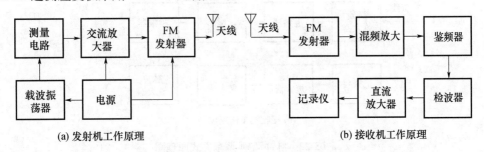

图 8-20　调幅-调频方式原理图

2. 调频-调频（FM-FM）方式

调频-调频方式的原理框图如图 8-21 所示。发射机的测量电桥用直流电桥，应变计感受应变后，电桥输出信号经直流放大器放大，放大后的信号电压对副载波振荡器进行频率调制，再对主载波射频振荡器进行频率调制后由天线发射。接收机部分由第一鉴频器将中频放大器输出的 FM-FM 信号解调为中心频率与发射机副载波振荡器的中心频率相同的等幅调频信号，经带通放大器放大，再由检波器解调经直流放大输出给记录仪记录。

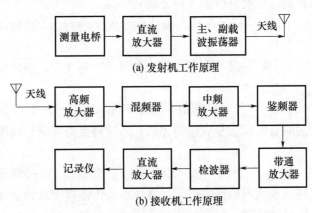

图 8-21　调频-调频方式原理图

3. 脉冲调频-调幅（PFM-AM）遥测系统

脉冲调频-调幅系统的原理框图如图 8-22 所示，发射机测量电桥采用直流电桥，输出信号经直流放大后，输到电压-脉冲频率转换器，将信号幅值变化调制成脉冲频率变化，通过 AM 主载波射频振荡器调制成射频信号，经天线发射。接收机部分由中频放大器输出脉冲调频-调幅信号，经检波器解调为脉冲调频信号，通过脉冲放大除去杂波，再经鉴频器解调为与应变信号一致的电压信号，由直流放大器放大后记录。

4. 多路应变遥测系统

被测应变信号较多时，可采用多路遥测系统，它是在一条无线电传送通道上传送多

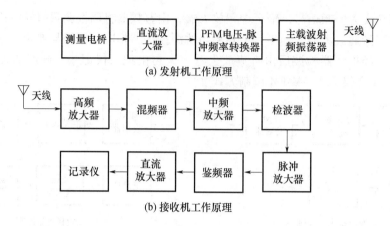

图 8-22　脉冲调频-调幅方式原理图

路信号。这种系统主要采用时分制和频分制两种方式。

时分制（TDM）系统发射装置将各应变信号按时间顺序排序取样成一串脉冲信号，经调制 FM 主载波射频振荡器，由天线发射。接收装置将信号解调并分离复原为各相应信号供记录。

频分制（FDM）系统发射装置将多路应变信号经各副载波发射器调制成中心频率不同的信号，混合后再调制 FM 主载波振荡器，由天线发射。接收装置将信号调制、滤波，将不同频率调制信号分离，复原为各电信号记录。

对脉冲信号的调制，主要有以下 4 种方式。

（1）脉幅调制（PAM）。脉冲幅度与模拟信号成比例变化。其特点是线路简单，但信噪比低。

（2）脉宽调制（PWM）。脉冲宽度与模拟信号成比例变化，脉冲幅值不变。其特点是噪声影响小。

（3）脉位调制（PPM）。脉冲的幅值、宽度不变，有信号时的脉冲位置与无信号时的基准位置之间的间隔与模拟信号成比例地错开。其特点是可减小噪声和串扰，但电路复杂。

（4）脉码调制（PCM）。将模拟信号用合适的单位度量，通过取整量化，再利用脉冲的开关信号将其转换成适当的代码传递。其特点是传送精度高、信噪比高、抗干扰性强，便于输入计算机自动处理，但装置复杂，所占频带宽。

应变遥测系统在运动构件上的安装，一般发射系统电路元件装在一质轻、导电性好的铝合金盒内，盒内灌注环氧树脂固化密封，用高强螺栓和压板将盒固定在运动构件温度较低且惯性力小的位置上。应变计的导线与发射盒上接线板连接，发射机和导线要屏蔽，防止电磁场干扰。天线一般用谐振式或电容耦合天线，旋转构件测量时可用不封闭圆环。如圆环周长允许大于射频载波的半波长，可用两个半环；如周长小于半波长，则可用一个开口环。

国外生产的遥测应变仪代表性商品有日本 NEC 的超小型遥测应变仪和日本 TML 的小型遥测应变仪。近年来国内厂商如东华测试、北京东方噪声与振动技术研究所也研制出遥测应变仪，性能良好。

8.4 复合材料应变电测应用

复合材料的力学性能和应力分析中经常用到应变电测方法，在技术应用中有以下几个需要注意的问题。

8.4.1 应变计的温度效应

复合材料的正交各向异性表现在材料弹性常数上，假设在纤维方向弹性模量为 E_1，在垂直于纤维方向弹性模量为 E_2，一般 $E_1 \neq E_2$。而且在线膨胀系数方面也是各向异性的，假设线膨胀系数在纤维方向为 β_1，垂直于纤维方向为 β_2，两者相差较大，例如玻璃纤维/环氧树脂复合材料的 $\beta_1 = 6.3 \times 10^{-6} \text{℃}^{-1}$，$\beta_2 = 20.5 \times 10^{-6} \text{℃}^{-1}$。故对于各向异性的复合材料，需要对轴向和横向分别使用温度自补偿应变计。

复合材料上应变计的温度补偿，实用的一种方法是用一种已知线膨胀系数很小的参考材料，用同样的应变计分别粘贴在复合材料和参考材料上，并使它们处于相同温度场中。复合材料的真实应变 ε_2 由下式给出：

$$\varepsilon_2 = \varepsilon_i - \varepsilon_{ri} + \varepsilon_{r\beta} \tag{8-13}$$

式中，ε_i 是复合材料的指示应变（未修正）；ε_{ri} 是参考材料的指示应变；$\varepsilon_{r\beta}$ 是参考材料的热膨胀量。通常用的参考材料是硅酸钛，其线膨胀系数为 $0.03 \times 10^{-6} \text{℃}^{-1}$。

8.4.2 应变计横向效应修正

由于横向效应的影响，电阻应变计的横向效应系数 H，在平面应力场的测量中会带来一些误差，必须对测量结果进行修正。在复合材料测试中经常遇到两个方向应变相差很大的情况，这时更应该考虑应变计横向效应的影响。不考虑横向效应的影响，所引起的相对误差用下式表示：

$$e_x = \frac{\varepsilon_{xi} - \varepsilon_x}{\varepsilon_x} \times 100\% = \frac{H\left(\mu_0 + \varepsilon_y/\varepsilon_x\right)}{1 - \mu_0 H} \times 100\% \tag{8-14}$$

式中，ε_x、ε_y 为实际应变；ε_{xi} 为读数应变；μ_0 为标定应变计灵敏系数所用梁材料泊松比。

对于各向同性的单轴拉伸试件试验，若材料泊松比为 μ，应变计粘贴在试件上有轴向和横向应变，读数分别为 ε_x 和 ε_y，则 $\varepsilon_x/\varepsilon_y = -\mu$。如果 μ 在 $0.20 \sim 0.35$ 范围内，则不计横向效应系数（设 $H = 1\%$）的影响。ε_y 引起的误差 $|e_y|$ 在 $3\% \sim 5\%$ 之内。

在 90°单向复合材料试件单轴拉伸试验中，应变计横向粘贴，$\varepsilon_y/\varepsilon_x = -\mu_{12}$ 是材料的次泊松系数，在 $0.01 \sim 0.05$ 内变化。这时不计 H 的影响可引起高达 $20\% \sim 100\%$ 的误差。因此在进行复合材料应变电测实验时，应注意应变计横向效应的影响。

8.4.3 复合材料弹性常数测定

正交各向异性复合材料在平面内有 4 个独立的弹性常数：E_1、E_2、μ_{21}、和 G_{12}。可以采用应变电测法方便和准确地测定这 4 个弹性常数。

由复合材料力学理论可知，对于第一主方向（0°）单向拉伸有：

$$\sigma_1 = E_1 \varepsilon_1, \quad \varepsilon_2 = -\mu_{21} \varepsilon_1$$

式中，σ_1 为第一主方向的应力，ε_1 为此方向的应变；ε_2 为第二主方向的应变，μ_{21} 为主泊松系数。

对于第二主方向（90°）单向拉伸有：

$$\sigma_2 = E_2 \varepsilon_2, \quad \varepsilon_1 = -\mu_{12} \varepsilon_2$$

式中，σ_2 为90°方向的应力，ε_2 为该方向的应变；ε_1 为第一主方向的应变；μ_{12} 为次泊松系数。此外，有：

$$\frac{\mu_{21}}{E_1} = \frac{\mu_{12}}{E_2} \tag{8-15}$$

对平面内纯剪切，有：

$$\tau_{12} = G_{12} \gamma_{12}$$

式中，τ_{12} 为1、2平面内切应力，γ_{12} 为相应的切应变；G_{12} 为剪切模量。对于任意偏轴方向 θ 的单向拉伸应力 σ_x，有：

$$E_x = \frac{\sigma_x}{\varepsilon_x} = \frac{E_1}{\cos^4\theta + \dfrac{E_1}{E_2}\sin^4\theta + \left(\dfrac{E_1}{G_{12}} - 2\mu_{21}\right)\sin^2\theta\cos^2\theta}$$

式中，ε_x 为偏轴方向（θ 角）的应变；E_x 为该方向的弹性模量。当 $\theta = 45°$ 时，有：

$$E_{45} = \frac{4E_1}{1 + \dfrac{E_1}{E_2} + \dfrac{E_1}{G_{12}} - 2\mu_{21}} = \frac{\sigma_{45}}{\varepsilon_{45}}$$

可得：

$$G_{12} = \frac{1}{\dfrac{4}{E_{45}} - \dfrac{1}{E_1} - \dfrac{1}{E_2} + \dfrac{2\mu_{21}}{E_1}} \tag{8-16}$$

故可以利用下面3种拉伸试件，测出4个弹性常数 E_1、E_2、μ_{21}、和 G_{12}。3种试件如图8-23所示。

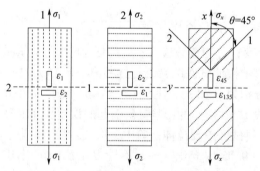

图8-23 三种纤维方向复合材料拉伸试件示意图

（1）$\theta = 0°$ 方向拉伸试件：用两对垂直应变计在 σ_1 应力作用下测出 ε_1、ε_2，得：

$$E_1 = \frac{\sigma_1}{\varepsilon_1} \qquad \mu_{21} = -\frac{\varepsilon_2}{\varepsilon_1} \tag{8-17}$$

（2）$\theta = 90°$ 方向拉伸试件：用两对垂直应变计在 σ_2 应力作用下测出 ε_2、ε_1，得：

$$E_2 = \frac{\sigma_2}{\varepsilon_2} \qquad \mu_{12} = -\frac{\varepsilon_1}{\varepsilon_2} \tag{8-18}$$

（3）$\theta = 45°$与纤维方向成$45°$拉伸试件：用两对垂直应变计在σ_{45}应力作用下测出ε_{45}、ε_{135}，得：

$$E_{45} = \frac{\sigma_{45}}{\varepsilon_{45}} \tag{8-19}$$

另外，还可以用$45°$方向应力、应变和$135°$方向应变求G_{12}：

$$G_{12} = \frac{\sigma_{45}}{2 \left(\varepsilon_{45} - \varepsilon_{135} \right)} \tag{8-20}$$

8.4.4　应变计粘贴方向偏差影响

对于各向同性材料，如前所述，应变计粘贴方向不准会带来测量误差。其大小取决于最大与最小主应变的比值、所测应变轴与主应变轴夹角φ以及需测应变轴与实际应变计粘贴轴向的角度偏差δ。对于复合材料，应变计粘贴方向不准也会带来测量误差，但它造成的结果与各向同性材料明显不同。例如对单向拉伸试件，对于各向同性材料，如果应变计沿试件主应力轴向粘贴，即使有小的角度偏差引起测量误差也是很小的，可以忽略不计。但对于偏轴向单层复合材料试件，设其纤维方向与试件主轴方向夹角为θ，应变计粘贴角度偏差为δ，由于材料各向异性，主应变方向与主应力轴方向一般不重合，所测应变轴与最大主应变轴之间的夹角中在各向异性材料中比各向同性材料大得多，因此同样小的角度误差造成的测量误差大得多。

在单轴加载的复合材料中，应变计方向不准的误差可以计算。如图8-24所示，分别沿试件轴向和横向粘贴应变计，角度偏差为δ。

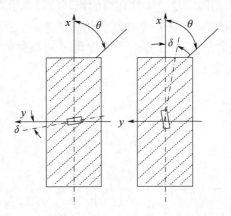

图8-24　应变计在偏轴向复合材料试件上粘贴方位偏差示意图

不考虑应变计横向效应，即$H = 0$，真实的轴向和横向应变为ε_x和ε_y可由下式确定：

$$\begin{Bmatrix} \varepsilon_x \\ \varepsilon_y \\ \gamma_{xy} \end{Bmatrix} = \begin{bmatrix} \overline{S}_{11} & \overline{S}_{12} & \overline{S}_{16} \\ \overline{S}_{12} & \overline{S}_{22} & \overline{S}_{26} \\ \overline{S}_{16} & \overline{S}_{26} & \overline{S}_{66} \end{bmatrix} \begin{Bmatrix} \sigma_x \\ 0 \\ 0 \end{Bmatrix} = \begin{Bmatrix} \overline{S}_{11} \\ \overline{S}_{12} \\ \overline{S}_{16} \end{Bmatrix} \sigma_x \tag{8-21}$$

式中，$\overline{S}_{ij}$为正交各向异性复合材料偏轴向柔度系数（i，$j = 1$，2，6）；σ_x为单轴拉伸应力。由于存在应变计粘贴方向角度偏差δ，所测应变不是真实应变，而是ε'_x、ε'_y、γ'_{xy}，由应变张量转轴公式可得：

$$\begin{Bmatrix} \varepsilon'_x \\ \varepsilon'_y \\ \gamma'_{xy} \end{Bmatrix} = \begin{bmatrix} m^2 & n^2 & 2mn \\ n^2 & m^2 & -2mn \\ -mn & mn & m^2-n^2 \end{bmatrix} \begin{Bmatrix} \varepsilon_x \\ \varepsilon_y \\ \gamma_{xy} \end{Bmatrix} \tag{8-22}$$

式中，$m = \cos\delta$，$n = \sin\delta$。

由式（8-22），可得到真实应变 ε_x、ε_y 和 γ_{xy}。

8.5 断裂力学参数电测应用

在材料的断裂力学研究中，应变电测方法应用广泛。目前箔式应变计已可制成栅长 $0.2 \sim 0.5\text{mm}$，并可测量较大的应变。虽然它不如云纹干涉法、激光散斑干涉法等光测方法能得到全域性应变场的结果，但可逐点较精确地测量应变峰值，验证有关裂纹附近应力场的理论计算结果。

8.5.1 测量材料断裂韧性

由断裂力学理论，对于出现张开型裂纹的构件，当裂纹尖端的应力强度因子 $K_{\text{I}} = K_{\text{IC}}$ 时，构件处于危险的临界状态。K_{IC} 为材料平面应变条件下的断裂韧性。按标准规定，测定 K_{IC} 时应采用三点弯曲试件或紧凑拉伸试件，如图 8-25 所示，试件尺寸要求参考《金属材料　平面应变断裂韧度 K_{IC} 试验方法》（GB/T 4161—2007）。试件上带有预制疲劳裂纹，用以模拟实际构件中的微裂纹缺陷。可采用低频疲劳试验机测量断裂韧性，试件承受的载荷 F 用测力传感器测量，试件切口的张开位移 δ 用夹式引伸计（应变计式位移传感器）测量，在电脑终端记录 $F\text{-}\delta$ 曲线，从曲线求出裂纹失稳扩展时的载荷 F_{C}，或裂纹等效扩展 2% 时的载荷 F_{q}，计算应力强度因子的条件值 K_{q}，当它满足一定要求时，K_{q} 即为材料的断裂韧性 K_{IC}。

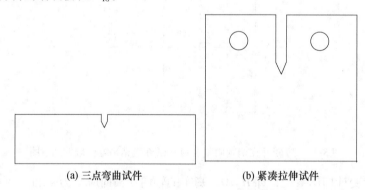

(a) 三点弯曲试件　　　　　　　　　(b) 紧凑拉伸试件

图 8-25　测量断裂韧性的两种试件

夹式引伸计为双悬臂梁式（图 8-26）。可用线切割法制成整体式结构，以保证固定端刚性，梁上粘贴两对应变计，其最大工作位移 f_{max} 为：

$$f_{\text{max}} = \frac{4L^2}{3h}\varepsilon_{\text{m}} \tag{8-23}$$

式中，ε_{m} 应在材料的弹性范围内，限定 $\varepsilon_{\text{m}} \leqslant 3\sigma_s/4E$，$\sigma_s$ 为材料的屈服极限。夹式引伸

计可用钛合金、18Ni 钢或 60Si2Mn 弹簧钢制成。夹式引伸计由专用校准仪进行标定，在量程内选 8 ~ 10 个点得出标定曲线。

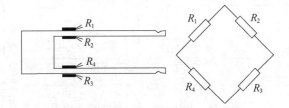

图 8-26　夹式引伸计示意图

8.5.2　测量疲劳裂纹扩展速率

在断裂力学中，疲劳裂纹扩展速率 da/dN 是个重要参数。测定 da/dN 的技术中，随着加载循环周次 N 的增加，自动检测裂纹扩展长度 a，并迅速处理成 da/dN-K_I（应力强度因子）的函数关系是关键问题。测量裂纹扩展长度 a 的方法主要有以下几种。

（1）直流电位法。直流电位法的原理是当裂纹扩展时，试件本身的电阻值随之变化，将电阻变化转换为直流电位变化，建立直流电位与裂纹扩展长度间的函数关系，通过测量电位来确定裂纹长度，直流电位与裂纹扩展长度间的函数关系可由实验标定。直流电位法的主要优点是能在高温等特殊环境下实现自动检测，有一定精度；缺点是金属试件的电阻变化很小，需要很大的恒定电流，且易受热电势影响。

（2）交流电位法。交流电位法的原理与直流电位法同，但可不受热电势影响，并且由于采用高增益放大器，所需施加的电流可小于 1A。

（3）电阻法。类似于上法，将试件直接连在惠斯顿电桥上，当裂纹扩展时试件电阻变化，输出电信号，通过标定间接测出裂纹长度。

（4）柔度法。柔度法的原理是裂纹试件的柔度是其裂纹长度的函数，对应一定循环周次 N，测出试件柔度，按标定曲线，查出裂纹长度 a。该方法精度高，是一种常用方法，但不能自动检测，测量时需停止加载。

除上述方法外，还有涡流法、超声法、声发射法、共振法等。

利用电阻法的基本原理，通过裂纹扩展计（片）可进行裂纹长度的测量，这种方法较方便、可靠，有较高分辨率和抗干扰能力，已逐渐推广应用。常用的裂纹扩展计有栅条式和整体箔栅式两种。栅条式裂纹扩展计外形与电阻应变计很相似，其敏感栅是由多根平行的栅条组成的并联回路，如图 8-27 所示。使用时将裂纹扩展计的栅条垂直于构件裂纹扩展方向粘贴，随着裂纹的扩展，敏感栅条渐次断裂，通过测量其电阻变化而得到裂纹扩展的长度，其电阻变化可采用欧姆表（分辨率为 $1m\Omega$）或者专用电路测量。整体箔栅式裂纹扩展计的工作栅由一整块箔栅构成，它能更灵活和连续地感受构件裂纹扩展情况。整体箔栅示意图如图 8-28 所示，常见形状有矩形和锥形。

图 8-27　栅条式裂纹扩展计

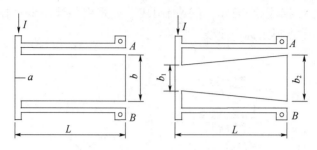

图 8-28   整体箔栅式裂纹扩展示意图

用整体箔栅式扩展应变计测量裂纹扩展的长度，其本质是一种直流电位法，只是恒电流不必通过试件，而是通过裂纹扩展计的敏感栅，亦可称为局部电位法。这种方法所需工作电流很小，输出信号大且与试件形状无关，金属和非金属试件都能应用。国产的 B-10 型（矩形栅）和 By-5 型（锥形栅）裂纹扩展计分别适用于直裂纹和斜裂纹扩展情况。它们都与专用的 SLK-1 型数字式裂纹扩展跟踪仪配套使用。图 8-29 给出相应的测量电路及裂纹扩展跟踪仪的原理框图。这种系统能实现 4 个通道的裂纹扩展长度的自动检测。裂纹扩展的工作特性曲线是利用特制的人工裂纹产生装置进行标定的。不同裂纹扩展计的特性曲线不同，需专门标定。

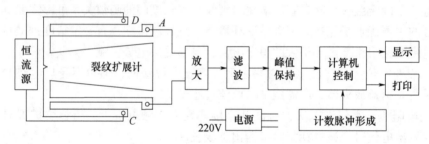

图 8-29   裂纹扩展跟踪仪原理框图

9 光弹性实验方法的基本原理

光弹性实验方法是一种光学的应力测量方法。该方法采用具有双折射性能的透明塑料，制成与真实零件几何相似的模型，以模型受力状态模拟真实零件受力状态。将受力后的塑料模型置于偏振光场中，可获得相应的干涉条纹图样。这些条纹指示了模型边界和内部各点的应力状态。再按照光弹性原理，即可算出模型各点应力的大小与方向，真实零件上的应力与之相似，可根据模型相似理论换算求得。因而，光弹性实验是将光学和力学紧密结合的一种试验技术。由于一般是用模型进行实验，因此必须以相似理论为指导进行实验。

光弹性实验方法的特点是直观性强，可以直接观察和获得零件的应力分布情况。特别是能直接观察到应力集中部位，迅速准确判断应力危险点，并且可以求出应力集中系数。

光弹性实验方法是从强度的观点改进设计，寻求构件合理几何形状和尺寸的实验手段。利用其进行应力分析，不仅能准确地解决二维问题，而且可以有效地解决三维问题。在实验过程中可以获得模型边界应力分布，同时还可获得模型内部各截面的应力分布。

光弹性实验分析方法迄今已有一百多年的历史，随着科学技术和生产的发展，光弹性实验技术也日益成熟和完善并获得了广泛的应用。目前，除了一般的平面光弹性实验方法以外，还有可对零件进行实测的光弹性贴片法；三维应力分析方面除常用的冻结法外，还有散光法和组合模型法；在动应力、热应力、接触应力和塑性变形等问题的研究中也均能应用光弹性实验方法。

9.1 光学基本知识

9.1.1 光波

对光的本性解释一直以来存在光的波动理论和光的量子理论两种学说。光弹性实验中的光学现象，一般采用光的波动理论来解释，即认为光是一种电磁波，其振动方向垂直于其传播方向，属于横波，光波可用图 9-1 的正弦波来描述。

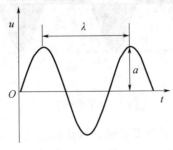

图 9-1 正弦波

其表达形式为：

$$u = a\sin\left(\frac{2\pi}{\lambda}Vt + \varphi_0\right) \tag{9-1}$$

式中，a 为振幅；λ 为波长，（埃米）；V 为光传播速度，在不同介质中其值不同；t 为时间，φ_0 为初相位。

当 $\varphi_0 = 0$ 时，它具有最简单的形式：

$$u = a\sin\frac{2\pi}{\lambda}Vt \tag{9-2}$$

9.1.2 自然光与平面偏振光

日常所见的光源，如太阳和白炽灯，所发出的光波是由无数个互不相干的波组成的，在垂直于光波传播方向的平面内，这些波的振动方向可取任何可能的振动方向，没有一个方向较其他方向更占优势。换言之，在所有可能的方向上，振幅都是相等的。这种光称之为自然光，如图9-2所示。

图9-2　自然光

如果光波在垂直于传播方向的平面内只在某一个方向上振动，且光波沿传播方向上所有点的振动均在同一平面内，则此种光波称为平面偏振光，如图9-3所示。

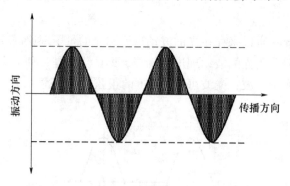

图9-3　平面偏振光

通过某种器件的反射、折射或者吸光，仅让自然光中某一振动方向的分量射出而得到平面偏振光。图9-4所示为用二色性晶体薄片来产生平面偏振光的方法。非偏振光射入该类晶体后，分解为两束振动方向互相垂直的平面偏振光。晶体对这两束平面偏振光的吸收能力差别很大，有一束被完全吸收或大部吸收，这样，射出晶体的即为单一的平面偏振光。这种具有不同吸光能力的特性称为二色性。二色性晶体可以在天然晶体中找到，也可以通过人工制造。

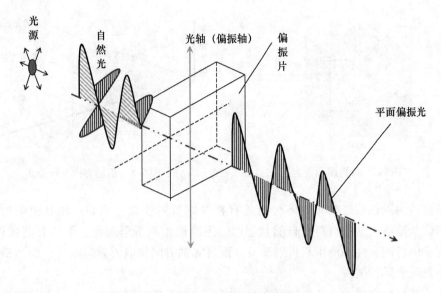

图9-4 二色性晶体产生平面偏振光

9.1.3 双折射

对于光学各向同性的介质，光学性质在所有方向均相同，光波任何方向都以同一速度传播；介质内只有一个折射率。光线入射时仅产生一束折射光线，并严格遵守折射定律，如图9-5所示。

但当光波入射到各向异性的晶体中时，一般会分解为两束折射光线，这种现象称为双折射。这两束光线在晶体内的传播速度不同，其中一束遵守折射定律，称为寻常光（以符号 o 表示），另一束不遵守折射定律，称为非常光（以符号 e 表示），如图9-6所示。这两束光线的折射率分别以 n_o 和 n_e 表示，其中 n_o 的取值与光的入射方向无关，是一个常数，而 n_e 则随着入射光方向的改变而改变。寻常光和非常光可认为是互相垂直平面内振动的平面偏振光。

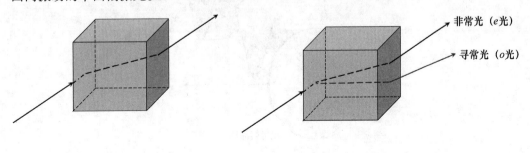

图9-5 光学各向同性介质折射   图9-6 光学各向异性介质折射

在双折射晶体中，有一个特定的方向，当光沿此方向入射时，不发生双折射现象，这个特定的方向，称为晶体的光轴。当晶体界面与光轴方向平行，光线垂直入射时，寻常光与非常光的行进路径也将重合（图9-7）。此时寻常光的振动方向与光轴垂直，而非常光的振动方向则沿着光轴（图9-8）。

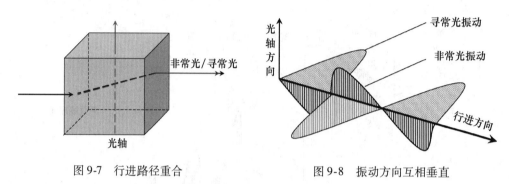

图9-7　行进路径重合　　　　　　　　图9-8　振动方向互相垂直

某些各向同性的透明非晶体材料具有暂时双折射现象。例如：环氧树脂塑料、玻璃、聚碳酸酯等，这些材料在自然状态时，不会产生双折射现象。但当有荷载作用时，呈现光学的各向异性，产生双折射现象，而且光轴方向与应力方向重合，而当荷载卸去时双折射现象随即消失。

用这些材料制成的光弹性模型在受力之前是光学各向同性体，入射光仅发生折射现象，受力后则变为光学各向异性体，因此会发生双折射现象，荷载卸去后又恢复为光学各向同性体。

9.1.4　圆偏振光、四分之一波片

在图9-9中，从一块双折射晶体上，平行于其光轴方向切出一片薄片，将一束平面偏振光垂直入射到该薄片上，光波即被分解为两束振动方向互相垂直的平面偏振光。如图所示，平面偏振光垂直射入该薄片后即分解为 yoz 平面偏振光和 xoz 平面偏振光，两平面偏振光振动方向相互垂直。

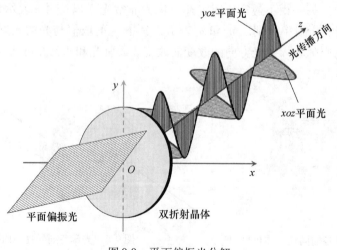

图9-9　平面偏振光分解

由于两束分解平面偏振光在晶体中传播速度不同，其中一束较另一束更快通过晶体。于是，射出薄片时，两束光波将产生相位差。

由于这两束振动方向互相垂直的平面偏振光传播方向一致，频率相等；而振幅与光轴夹角有关，可以相等也可以不等，为了具有代表意义，设这两束平面偏振光为：

$$u_1 = a_1 \sin\omega t$$

$$u_2 = a_2 \sin(\omega t + \varphi)$$

式中，a_1、a_2 为振幅，φ 为光程差。

合成上述方程，消去时间 t，即可得到光路上任一点的合成光矢量末端的运动轨迹方程：

$$\frac{u_1^2}{a_1^2} + \frac{u_2^2}{a_2^2} - 2\frac{u_1 u_2}{a_1 a_2}\cos\varphi = \sin^2\varphi \tag{9-3}$$

在一般情况下，方程式（9-3）是一个椭圆方程，但是如果令 $a_1 = a_2 = a$，$\varphi = \pm\pi/2$，则方程表达式即变为圆方程：

$$\frac{u_1^2}{a^2} + \frac{u_2^2}{a^2} = 1 \tag{9-4}$$

光路上任一点合成光矢量末端轨迹符合方程（9-4）的偏振光称为圆偏振光，在光路各点上，合成光矢量末端的轨迹将会形成一条螺旋线。如图 9-10、图 9-11 是沿 z 轴传播的圆偏振光视图。

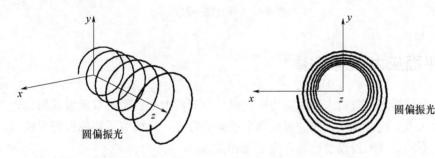

图 9-10　圆偏振光三维视图　　　　图 9-11　圆偏振光正视图

依据上述理论分析，若要人为产生圆偏振光，首先必须设法产生两束振动平面相互垂直的平面偏振光；其次，这两束平面偏振光必须同时满足：①频率相同；②振幅相等；③相位差为 $\frac{\pi}{2}$。

下面就来了解实验中如何产生圆偏振光：

（1）由于采用同一光源装置，因此两束平面偏振光的频率必然相等，因此条件①满足。

（2）当平面偏振光入射到具有双折射特性的薄片上时，将分解为振动方向互相垂直的两束平面偏振光。如果使入射的平面偏振光的振动方向与这两束平面偏振光的方向各成 45°夹角，则分解后的两束平面偏振光振幅相等，条件②满足。

（3）由于这两束光在薄片中的传播速度不同，通过薄片后，就产生一个相位差，在同一薄片中，该相位差的数值与薄片的厚度有关。因此只要适当选择薄片的厚度，使相位差为 $\frac{\pi}{2}$，就满足了条件③。

图9-12中，由于相位差$\dfrac{\pi}{2}$相当于光程差$\dfrac{\lambda}{4}$，故也称此薄片为四分之一波片。波片上，平行于行进速度较快的那束偏振光振动平面方向线称为快轴，与快轴垂直的方向线称为慢轴。

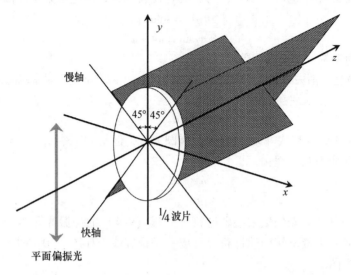

图9-12　四分之一波片

9.2　平面应力-光学定律

当平面偏振光垂直射入平面应力模型时，由于模型中的暂时双折射现象，光波将沿模型上射入点的应力主轴方向分解成两束平面偏振光。这两束平面偏振光在模型内部的传播速度不同，故通过模型后就产生了光程差Δ。

实验证明，模型上任意一点的主应力与折射率有以下关系：

$$n_1 - n_0 = A\sigma_1 + B\sigma_2$$
$$n_2 - n_0 = A\sigma_2 + B\sigma_1 \tag{9-5}$$

式中，n_0为无应力时模型材料的折射率，n_1（n_2）为模型材料对振动方向为σ_1（σ_2）方向的一束平面偏振光的折射率；A、B为模型材料的绝对应力光学系数。

从式（9-5）消去n_0，并令$C = A - B$，得：

$$n_1 - n_2 = C\left(\sigma_1 - \sigma_2\right) \tag{9-6}$$

式中，C为模型材料的应力光学系数。

由于沿σ_1与σ_2方向振动的平面偏振光在模型内传播速度V_1与V_2不同，因此其各自通过模型的时间亦不同，分别为$t_1 = \dfrac{h}{V_1}$和$t_2 = \dfrac{h}{V_2}$（h为模型厚度）。当其中一束光刚从模型中出来时，另一束已在空气中前进了一段距离Δ，即：

$$\Delta = V\left(t_1 - t_2\right) = V\left(\dfrac{h}{V_1} - \dfrac{h}{V_2}\right) \tag{9-7}$$

式中，V为空气中光速。

Δ 就是两束平面偏振光以不同速度通过模型后所产生的光程差。若以折射率 n_1、n_2 来表示，因为 $n_1 = \dfrac{V}{V_1}$，$n_2 = \dfrac{V}{V_2}$，代入式（9-7）可得：

$$\Delta = h\,(n_1 - n_2) \tag{9-8}$$

将式（9-8）代入式（9-6）得：

$$\Delta = Ch\,(\sigma_1 - \sigma_2) \tag{9-9}$$

这就是平面光弹性实验的平面应力-光学定律。由公式（9-9）可见，当模型厚度一定时，任一点的光程差与该点的主应力差成正比。

9.3　平面偏振布置中的光弹性效应

光弹性法的实质，是利用光弹性仪测定光程差的大小，然后根据应力-光学定律进一步计算确定主应力差，最终确定各个测点应力大小。

首先讨论利用最基础的正交平面偏振布置进行测量的情况。

如图 9-13 所示，用符号 P 和 A 分别代表起偏镜和检偏镜的偏振轴。把受有平面应力的模型放在两镜片之间，以单色光为光源，光线垂直通过模型。设模型上 O 点的主应力 σ_1 与起偏镜 P 偏振轴之间的夹角为 ψ。单色光通过起偏镜 P 后，成为平面偏振光 u，如图 9-14、图 9-15 所示。

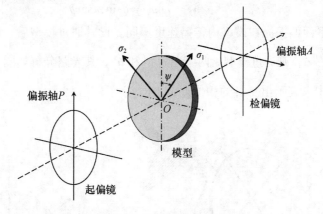

图 9-13　平面偏振布置

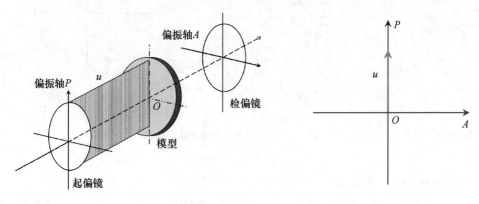

图 9-14　三维光路　　　　　　　图 9-15　正视分解

$$u = a\sin\omega t \tag{9-10}$$

图 9-14 中，当平面偏振光到达模型上的 O 点时，由于模型的暂时双折射性质，沿主应力方向分解成两束平面偏振光（图 9-16）。记沿主应力 σ_1 方向分解平面偏振光为 u_1，沿主应力 σ_2 方向分解的平面偏振光为 u_2，二者互相垂直（图 9-17）。

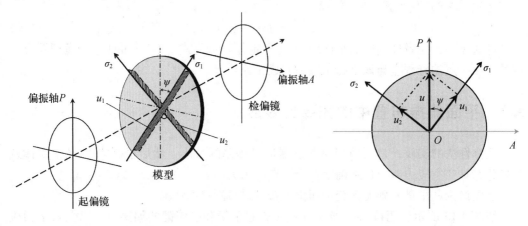

图 9-16　三维光路　　　　　　　　　　　图 9-17　正视分解

沿 σ_1 方向：　　　　　　　　$u_1 = u\cos\psi = a\sin\omega t\cos\psi$

沿 σ_2 方向：　　　　　　　　$u_2 = u\sin\psi = a\sin\omega t\sin\psi$ 　　　　(9-11)

由于这两束平面偏振光在模型内传播速度不同。设其通过模型后，产生相对光程差 Δ，或相位差 $\delta = \dfrac{2\pi}{\lambda}\Delta$，则通过模型后两束光为 u_1' 和 u_2'，其光路分解如图 9-18、图 9-19 所示（光路分解图中未表示出二者的相位差，下同）。

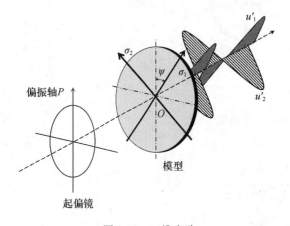
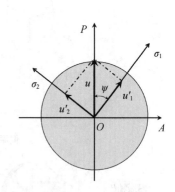

图 9-18　三维光路　　　　　　　　　　　图 9-19　正视分解

沿 σ_1 方向：　　　　　　　　$u_1' = a\sin\left(\omega t + \delta\right)\cos\psi$

沿 σ_2 方向：　　　　　　　　$u_2' = a\sin\omega t\sin\psi$ 　　　　(9-12)

通过检偏镜后的合成光波，如图 9-20、图 9-21 所示。

$$u_3 = u_1'\sin\psi - u_2'\cos\psi \tag{9-13}$$

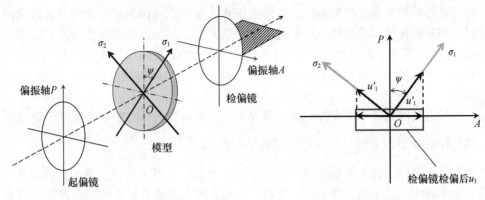

图9-20　三维光路　　　　　图9-21　正视分解

将式（9-12）代入，简化得：

$$u_3 = a\sin 2\psi \sin\frac{\delta}{2}\cos\left(\omega t + \frac{\delta}{2}\right) \tag{9-14}$$

又由于光的强度 I 与振幅的平方成正比，即：

$$I = K\left(a\sin 2\psi \sin\frac{\delta}{2}\right)^2 \tag{9-15}$$

因为 $\delta = \dfrac{2\pi}{\lambda}\Delta$，所以用光程差表示上式可得：

$$I = K\left(a\sin 2\psi \sin\frac{\pi\Delta}{\lambda}\right)^2 \tag{9-16}$$

式中，K 为常数。式（9-16）说明，光弹性实验中检偏镜后光的强度 I 不仅与分解后两束平面偏振光的光程差有关，还与模型内主应力方向与起偏镜光轴之间的夹角 ψ 有关。

现在研究检偏镜后光强 $I = 0$ 的情况，即从检偏镜后观察该模型上出现黑色区域的情况。

由于式（9-16）中的自变量含有 ψ 与 Δ，因此分析的重点应当分别围绕这两个变量分别进行讨论。

首先针对 ψ 进行分析。

使 $I = 0$ 的第一种情况是 $\sin 2\psi = 0$，即 $\psi = 0$ 或 $\psi = \dfrac{\pi}{2}$。由于 ψ 是模型中第一主应力与起偏镜偏振轴之间的夹角，因此 $\psi = 0$ 或 $\psi = \dfrac{\pi}{2}$ 即表示该点应力主轴方向与起偏镜偏振轴方向重合或垂直。换言之，只要模型上应力主轴与偏振轴相重合的区域，在检偏镜之后观察，均会呈现黑色区域，这些区域的迹线形成干涉条纹，称之为等倾线。之所以称之为等倾线，是因为其上的所有点的主应力方向相同，即倾角相等，其倾角度数就是正交偏振轴的倾角。

等倾线是具有相同主应力方向的点的轨迹，或者说等倾线上各点的主应力方向相同，且为偏振轴的方向。一般情况下，模型内各点的主应力方向各不相同，但如果同步回转起偏镜和检偏镜某角度，则会得到该倾角角度的一组等倾线，该等倾线上各点的主应力方向均与此时的偏振轴方向重合。因此，如果以各种角度同步回转起偏镜和检偏镜，将得到各种对应角度的等倾线。通常取垂直或水平方向作为基准方向，从该方向逆时针同步回转起偏镜和检偏镜，以测定主应力的方向。例如，当偏振轴由水平或垂直位置转动10°时，模型上将只出现10°等倾线。若从0°到90°每隔5°同步回转起偏镜与检偏镜一次，每次在同一硫酸纸上记录下当前的等倾线条纹，最终就会得到0°～90°的等倾线条纹图。

等倾线条纹图是光弹性实验的基本资料之一，借由其可以判断某一点主应力方向。

其次针对 Δ 进行分析。$I=0$ 的第二种情况是 $\sin\dfrac{\pi\Delta}{\lambda}=0$。

要满足此条件，首先需要注意，该式中 λ 虽然是一个可变的量，其与光源有关。但是在一次实验中，选定的只能是同一光源，因此也可以看成常量。所以上述等式成立只能是 $\dfrac{\pi\Delta}{\lambda}=N\pi$，即 $\Delta=N\lambda$，$N=0$，1，2，…。该条件表明，只要光程差 Δ 等于单色光波长的整数倍，在检偏镜之后光也消失而成为黑点。在应力模型中，同时满足光程差等于同一整数倍波长的各点，将连成一条黑色干涉条纹。为了区分它们，将对应于 $N=0$ 黑色条纹的称为零级等差线，$N=1$ 的黑色条纹称为 1 级等差线，对应于光程差为 N 个波长的等差线称为 N 级等差线。N 称为等差线条纹级数。因此，从光学上讲，等差线表示模型内光程差相同的点所形成的轨迹。联系应力-光学定律来看，当受力模型中的主应力差（$\sigma_1-\sigma_2$）所造成的光程差为波长的整数倍时，即：

$$\Delta=Ch\,(\sigma_1-\sigma_2)=N\lambda\quad(N=0,1,2,\cdots)\tag{9-17}$$

此时发生消光（即检偏镜后光强为零），出现一系列对应于不同 N 值的黑色干涉条纹。不同条纹上的点有不同的主应力差值，同一条纹上各点有相同的主应力差值。因此，从力学上讲，等差线表示模型内主应力差相等的点所组成的轨迹。

在 N 级等差线上的主应力差值，可由公式（9-17）得到，即：

$$(\sigma_1-\sigma_2)=\frac{\lambda}{C}\frac{N}{h}\tag{9-18}$$

令：

$$f=\frac{\lambda}{C}\tag{9-19}$$

式中，f 为与光源和材料有关的常数，称为材料条纹值，单位是 N/m。f 的物理意义是，当模型材料为单位厚度时，对应于某一定波长的光源，产生一级等差线所需的主应力差值。此值由实验测得。将式（9-19）代入式（9-18）得：

$$\sigma_1-\sigma_2=\frac{Nf}{h}\tag{9-20}$$

该式表明，主应力差（$\sigma_1-\sigma_2$）与条纹级数 N 成正比。条纹级数 N 越大，表明该处的主应力差越大，因此，条纹级数 N 成为衡量主应力差（$\sigma_1-\sigma_2$）的直接和重要的资料。确定了各点的条纹级数值 N，就可根据式（9-20）算出各点的主应力差值。等倾线和等差线图案是光弹性实验最基本的资料，可以利用它们对模型进行应力分析。

9.4 圆偏振布置中的光弹性效应

在平面偏振布置中，如采用单色光作为光源，则受力模型中同时出现两种性质的黑色条纹，即等倾线和等差线，这两种黑色条纹同时产生，互相影响。为了消除等倾线，得到清晰的等差线图案，以提高实验精度，在光弹性实验中经常采用双正交圆偏振布置，各镜轴及应力主轴的相对位置如图9-22所示。

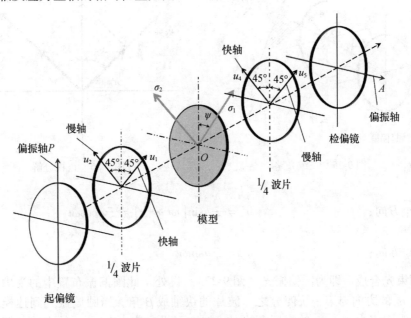

图 9-22　圆偏振布置光场

在图9-22中，单色光通过起偏镜后成为平面偏振光：

$$u = a\sin\omega t \tag{9-21}$$

到达第一块四分之一波片后，沿四分之一波片的快、慢轴分解成两束平面偏振光（图9-23、图9-24）：

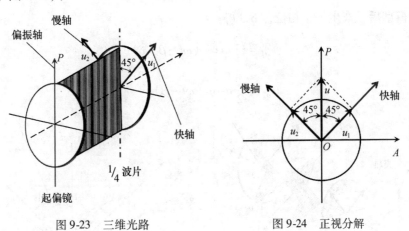

图 9-23　三维光路　　　　　　图 9-24　正视分解

沿快轴：　　　　　　　　　　$u_1 = a\sin\omega t\cos45°$

沿慢轴：　　　　　　　　　　$u_2 = a\sin\omega t\sin45°$　　　　　　　　（9-22）

通过四分之一波片后，相对产生相位差$\dfrac{\pi}{2}$（图9-25、图9-26），即：

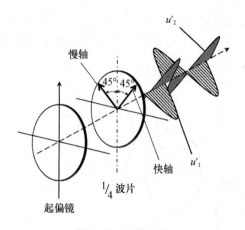

图 9-25　三维光路

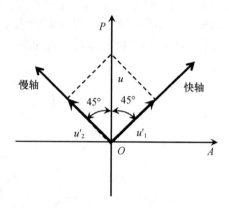

图 9-26　正视分解

沿 σ_1 方向：
$$u'_1 = \frac{\sqrt{2}}{2}a\sin\left(\omega t + \frac{\pi}{2}\right) = \frac{\sqrt{2}}{2}a\cos\omega t$$

$$（9\text{-}23）$$

沿 σ_2 方向：
$$u'_2 = \frac{\sqrt{2}}{2}a\sin\omega t$$

这两束光合成后即为圆偏振光（图 9-27）。设处于此圆偏振布置中的受力模型上 O 点主应力 σ_1 的方向与第一块四分之一波片的快轴成 β 角。当圆偏振光到达模型上的 O 点时。又沿主应力 σ_1、σ_2 的模型上的 O 点时，又沿主应力 σ_1、σ_2 的方向分解为两束光波（图 9-28）。

沿 σ_1 方向：
$$u_{\sigma 1} = u'_1\cos\beta + u'_2\sin\beta = \frac{\sqrt{2}}{2}a\cos\ (\omega t - \beta)$$

$$（9\text{-}24）$$

沿 σ_2 方向：
$$u_{\sigma 2} = u'_2\cos\beta - u'_1\sin\beta = \frac{\sqrt{2}}{2}a\sin\ (\omega t - \beta)$$

通过模型后，产生一个相位差 δ，得：
$$u'_{\sigma 1} = \frac{\sqrt{2}}{2}a\cos\ (\omega t - \beta + \delta)$$

$$（9\text{-}25）$$

$$u'_{\sigma 2} = \frac{\sqrt{2}}{2}a\sin\ (\omega t - \beta)$$

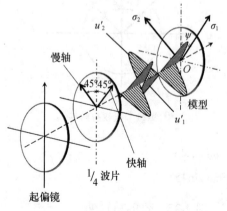

图 9-27　三维光路

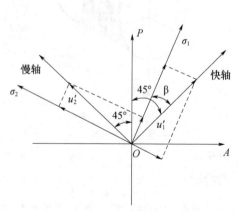

图 9-28　正视分解

到达第二块四分之一波片时（图9-29、图9-30），光波又沿此波片的快-慢轴分解为：

$$u_3 = u'_{\sigma 1}\cos\beta - u'_{\sigma 2}\sin\beta$$

$$= \frac{\sqrt{2}}{2}a\left[\cos(\omega t - \beta + \delta)\cos\beta - \sin(\omega t - \beta)\sin\beta\right]$$

$$u_4 = u'_{\sigma 1}\sin\beta + u'_{\sigma 2}\cos\beta$$

$$= \frac{\sqrt{2}}{2}a\left[\cos(\omega t - \beta + \delta)\sin\beta + \sin(\omega t - \beta)\cos\beta\right]$$

$(9-26)$

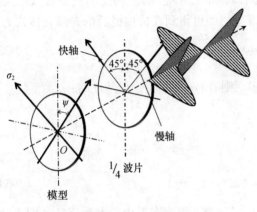

图9-29　三维光路

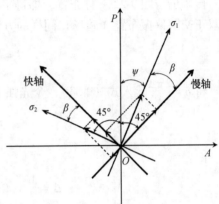

图9-30　正视分解

通过第二块四分之一波片后，又产生一个相位差亦 $\frac{\pi}{2}$，得：

$$\text{沿慢轴 } u'_3 = \frac{\sqrt{2}}{2}a\left[\cos(\omega t - \beta + \delta)\cos\beta - \sin(\omega t - \beta)\sin\beta\right]$$

$$\text{沿快轴 } u'_4 = \frac{\sqrt{2}}{2}a\left[\cos(\omega t - \beta)\cos\beta - \sin(\omega t - \beta + \delta)\sin\beta\right]$$

$(9-27)$

最后，通过检偏镜后，得偏振光为：

$$u_5 = u'_3\cos 45° - u'_4\cos 45°$$

$(9-28)$

将式（9-27）代入式（9-28），考虑到 $\beta = 45° - \psi$，运算后得：

$$u_5 = a\sin\frac{\delta}{2}\cos\left(\omega t + 2\psi + \frac{\delta}{2}\right)$$

$(9-29)$

此偏振光的光强与其振幅的平方成正比，即：

$$I = K\left(a\sin\frac{\delta}{2}\right)^2$$

$(9-30)$

引入相位差与光程差的关系 $\delta = \frac{2\pi\Delta}{\lambda}$，得：

$$I = K\left(a\sin\frac{\pi\Delta}{\lambda}\right)^2$$

$(9-31)$

此式表明，光强仅与光程差有关，为使光强 $I = 0$，只要 $\sin\frac{\pi\Delta}{\lambda} = 0$，故得：

$$\frac{\pi\Delta}{\lambda} = N\pi \quad (N = 0, \ 1, \ 2, \ \cdots)$$

即：

$$\Delta = N\lambda \quad (N = 0, \ 1, \ 2, \ \cdots) \tag{9-32}$$

式（9-32）说明，只有在模型中产生的光程差 Δ 为单色光波长的整数倍时，消光成为黑点，这就是等差线的形成条件。可见，加入了两块四分之一波片后，在圆偏振布置中，能消除等倾线而只呈现等差线图案。

如将检偏镜偏振轴 A 旋转 90°，使之与起偏镜偏振轴 P 平行，而四分之一波片的快、慢轴仍与图 9-22 一样布置，即得平行圆偏振布置（亮场）。将受力模型放入。采用与双正交圆偏振布置（暗场）同样的方法推导，即可得到在检偏镜后的光强表达式为：

$$I = K\left(a\cos\frac{\delta}{2}\right)^2 \tag{9-33}$$

将 $\delta = \dfrac{2\pi\Delta}{\lambda}$ 代入式（9-33），令光强 $I = 0$，则有 $\cos\dfrac{\pi\Delta}{\lambda} = 0$，显然此时：

$$\frac{\pi\Delta}{\lambda} = \frac{M}{2}\pi$$

即：

$$\Delta = \frac{M}{2}\lambda \quad (M = 1, \ 3, \ 5, \ \cdots) \tag{9-34}$$

比较式（9-32）及式（9-34）可看出，在双正交圆偏振布置中，发生消光（即 $I = 0$）的条件为光程差 Δ 是波长的整数倍，故产生的黑色等差线为整数级，即分别为 0 级、1 级、2 级……而平行圆偏振布置发生消光的条件为光程差 Δ 是半波长的奇数倍，故产生的黑色等差线为半数级，即分别为 0.5 级、1.5 级、2.5 级……

10   等差线和等倾线

10.1   白光入射时的等差线（等色线）

自然光是由红、橙、黄、绿、青、蓝、紫七种主色组成，每种色光对应一定的波长。图 10-1 中对顶角内的两色称为互补色，两种互补颜色的色光混合即成白光。例如红与绿、橙与青、黄与蓝、黄绿与紫，均为互补色。若在白光中有某一色光消失，则呈现的就是它的互补色光。

图 10-1   互补色光

根据光弹性实验的原理，如果以白光入射，当模型中某点的光程差恰等于某一种色光波长的整数倍时，则该色光将被消除，而与该色光对应的互补色光就呈现出来。因此，凡光程差数值相同的点，就形成了同一种颜色的条纹。

在模型上光程差 $\Delta = 0$ 的点，任何波长的色光均被消除，呈现为黑点。当光程差逐渐加大时，首先被消光的是波长最短的紫光，然后按蓝、青、绿……的次序消光，与这些色光对应的互补色（黄、红、蓝、绿）就依次呈现出来。当光程差继续增大时，消光进入第二个循环，即光程差等于紫光波长的两倍时紫光又消失，呈现互补色黄光，再继续消光，又呈现出红、蓝、绿光。如光程差继续增加，则消光又进入第三个循环。

需要注意的是，随着上述循环的次数增加，所得到的条纹颜色随循环次数的增大而变淡，这是因为当光程差不断增加时，同时会有若干种波长的光波被消光，例如当光程差 $\Delta = 2 \times 6000\text{Å} = 3 \times 4000\text{Å}$ 时，即有黄绿色第二次消光伴有紫色第三次消光，剩下互补色就变淡了。因此当条纹级数越高，同时消光的颜色就越多，这些光对应的互补色光所组成的条纹的颜色就越淡。所以用白光观察等差线时，二级等差线条纹主要由黄、红、蓝、绿四种颜色组成，三、四级条纹主要由粉红和淡绿两种颜色组成，四级以上条纹就由很淡的红色和黄绿色组成，而且实际上已不易辨认了。因此当 $N > 5$ 时，通常采用单色光光源，就可以得到清晰的等差线条纹图。

用白光描绘等差线时，常以红、蓝交界的过渡颜色（绀色）作为整数 N 的分划线，在三、四级以上则以粉红及淡绿交界的过渡颜色作为整数级 N 的分划线。这个颜色光很灵敏，微小的应力变化就会使它变为红色或蓝色光。与绀色对应的互补色光是黄光，故绀色条纹的位置与单色光钠光（黄色）的干涉位置相对应。

10.2   等差线条纹级数的确定

在双正交圆偏振布置中，受力模型呈现以暗场为背景的等差线图，各条纹的级数为整数级，即 $N=0$、1、2 等，但如何确定各等差线的条纹级 N 的具体数值呢？首先确定 $N=0$ 的点（或线）。属于 $N=0$ 的点称为各向同性点，是模型上主应力差等于零（即 $\sigma_1=\sigma_2$ 或 $\sigma_1=\sigma_2=0$）的点，这些点的光程差 $\Delta=0$，因此对任何波长的光均发生消光而形成黑点，与此对应的条纹级数为零级。只要模型形状不变，载荷作用点及方向不变，这些黑点或黑线所在的位置不随外载荷大小的改变而变。

零级条纹的判别方法有：

（1）采用白光光源，在双正交圆偏振布置中模型上出现的黑色条纹（点或线），属于零级条纹。因其光程差为零，对于任何波长的光均发生消光，故形成黑色条纹。其他非零级条纹（$N\neq0$），其光程差不为零，所以均为彩色条纹。

（2）模型自由方角上，因 $\sigma_1=0$，$\sigma_2=0$ 所以对应的条纹级数 $N=0$。如矩形纯弯曲梁四个方角处的黑色条纹均为零级条纹。

（3）拉应力与压应力的过渡处必有一个零级条纹。因应力分布具有连续性，在拉应力过渡到压应力之间，必存在应力为零的区域，其条纹级数 $N=0$。如图 10-2 中对径受压圆环的 A、B、C、D、E、F、G、H 各点，都为拉应力和压应力的过渡处，其条纹级数均为零。

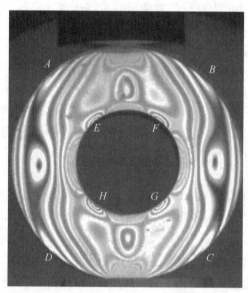

图 10-2　圆环对径受压

确定了零级条纹，其他条纹级数就可以借助应力分布的连续性依次数出。条纹级数的递增方向（或递减方向），可采用白光光源，观察其等差线的颜色变化顺序而确定，当颜色的变化为黄、红、蓝、绿，则按该顺序为级数增加的方向，反之为级数减少的方向。

要注意区别单色光的等差线图中出现的暂时性黑点。这些点在某特定载荷下造成的光程差，正好是单色光波的整数倍，故亦形成黑点，但并非真的零级点。当外载荷增加或减少时，这些点时而变黑，时而变亮，因而称为暂时性黑点。当它的条纹级数比附近区域的级数都低时称为隐没点，比周围的级数都高时称为发源点。如采用白光做光源时，因为这些点的光程差 $\Delta\neq0$，所以均呈现为彩色斑点。

当等差线图上没有零级的黑点或黑线时，可用以下几种方法确定条纹级数 N。

（1）连续加载法：将模型置于光弹性仪中的加载架上，一边加载，一边观察。最初出现的条纹级数为 $N=1$。再继续加载，一级条纹将向应力低的区域移动，可以跟随这一条纹来判别相继出现的其他条纹级数。

（2）补偿法：取一已知条纹级数的受载试件（例如受纯弯曲的其条纹级数能数出的光弹性试件），使其与某一已知级数的条纹与待测点的主应力方向平行。在白光光源下，试件上该级条纹与待测点的条纹叠加后，如呈现为黑色条纹（零级条纹），即被测点的光程差得到了补偿，这时被测点的条纹级数与试件上该已知条纹的级数相同，由此可确定被测点的条纹级数。这方法也可用于有零级条纹的等差线图上确定其他条纹的级数。在平行圆偏振布置（亮场）中，受力模型呈现的等差线条纹级数为 $N=0.5$，1.5，2.5，…；它们分别处在 0 级与 1 级、1 级与 2 级、2 级与 3 级……之间。

10.3 双波片法确定非整数条纹级数

双波片法是旋转检偏镜法的一种，该方法采用双正交圆偏振布置，两偏振片的偏振轴 P 和 A 分别与被测点的两个主应力方向相重合，如图 10-3 所示。

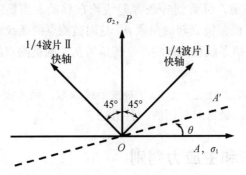

图 10-3 双波片法各主轴相对位置

对于图 10-3 所示的各镜片主轴位置，从起偏镜开始到检偏镜之前，用与之前 9.4 节同样的方法进行光学分析，最后再转动检偏镜 A，使被测点 O 成为黑点。此时，检偏镜的偏振轴转过了 θ 角而处于 A' 的位置，通过检偏镜后的偏振光为：

$$u_5' = u_3' \cos(45° - \theta) - u_4' \cos(45° + \theta)$$

利用式（9-27），其中取 β 角等于 45°，代入上式并简化，得：

$$u_5' = a \sin\left(\theta + \frac{\delta}{2}\right) \cos\left(\omega t + \frac{\delta}{2}\right) \tag{10-1}$$

欲使 O 点成为黑点（即光强为零），必须 $\sin\left(\theta + \frac{\delta}{2}\right) = 0$，也即：

$$\theta + \frac{\delta}{2} = N\pi \quad (N = 0, 1, 2, \cdots)$$

将 $\delta = \frac{2\pi\Delta}{\lambda}$ 代入上式，得：

$$\theta + \frac{\pi\Delta}{\lambda} = N\pi \quad 或 \quad \frac{\Delta}{\lambda} = N - \frac{\theta}{\pi}$$

令被测点的等差线条纹级数为 N_0，则：

$$N_0 = \frac{\Delta}{\lambda} = N - \frac{\theta}{\pi} \qquad (N \text{ 为整数级条纹数})$$

检偏镜可顺时针或逆时针转动。设测点两旁附近的整数条纹级数为 $(N-1)$ 和 N，如检偏镜向某方向旋转 θ 角而 N 级条纹移至测点，则测点的条纹值为：

$$N_0 = N - \frac{\theta_1}{\pi} \tag{10-2}$$

如向另一方向旋转 θ 角而 $(N-1)$ 级条纹移至测点，则测点的条纹值为：

$$N_0 = (N-1) + \frac{\theta_2}{\pi} \tag{10-3}$$

根据上述推导，双波片法的补偿步骤如下：

（1）求出被测点的主应力方向。以白光作为光源，在正交平面偏振布置下，同步旋转起偏镜和检偏镜，直到某等倾线通过该点。根据该等倾线角度可确定被测点主应力的方向。

（2）采用圆偏振布置。使起偏镜和检偏镜的偏振轴分别与该点的应力主轴重合，而四分之一波片与偏振轴的相对位置不变，成为双正交圆偏振布置。

（3）单独旋转检偏镜，可看到各条等差线均在移动。当被测点附近的整数级等差线 N 通过该点时，记下检偏镜旋转的角度 θ，这时被测点的条纹级数按式（10-2）计算。若转动检偏镜时，$N-1$ 级条纹移向被测点，转角为 θ_2，则被测点的条纹级数按式（10-3）计算。

用此方法可求得模型上任意一点的等差线条纹级数，而不需要任何附加设备，也有足够的补偿精度，因此，是目前常用的一种方法。

10.4　等倾线绘制和主应力判别

10.4.1　等倾线绘制

绘制等倾线图时采用白光光源的正交平面偏振布置，此时，等差线除零级条纹外总是彩色条纹，而等倾线总是黑色条纹。

在初始状态时，起偏镜和检偏镜的偏振轴分别以水平和垂直位置为基准，这时模型上出现的是 0° 等倾线，在这条等倾线上的各点，其主应力方向之一与水平夹角为 0°。只要同步逆时针方向旋转起偏镜及检偏镜，保持两偏振轴正交，即可获得不同角度的等倾线。例如，每隔一定的角度（5° 或 10° 等），描绘出对应的等倾线，并标明其倾角度数，直至旋转到 90°，此时的等倾线又与 0° 等倾线重合。

在解决实际工程问题中，有时不必描绘整张等倾线图，只要根据所要求的截面或点，逐点测量即可。

虽然理论上获取等倾线十分简单，在实际工作中，要获得一组令人满意的等倾线图是相当困难的，这是因为：

（1）等差线与等倾线互相干扰，经常会出现误判。

（2）在主应力方向改变不十分明显的区域，等倾线会呈现一片模糊，因此难以判断其准确位置。

（3）模型内如存在初应力将会扰乱图线的分布。

因此，在描绘等倾线时，必须细心。要缓慢地同步旋转起偏镜和检偏镜，反复观察等倾线的变化趋势，直到基本掌握其规律后，再按具体分度描绘。必要时，把0°、30°、45°、60°等倾线拍摄下来，供进一步校正时用。

在实验技术上，为了避免等倾线和等差线互相干扰，可以利用光学敏感性较低的材料（如有机玻璃），制造一个同样尺寸的模型，单独绘制等倾线。这可变动载荷大小，使等倾线较为清晰。

10.4.2　主应力 σ_1 或 σ_2 的判别

有了等倾线图，就可以确定主应力方向。但两个互相垂直的主应力方向上，σ_1 与 σ_2 方向无法直接获得。为了判别 σ_1 或 σ_2 方向，常采用下面介绍的方法。

（1）分析法：根据模型形状和受载情况进行理论分析，确定模型上某点的主应力 σ_1 与 σ_2 的方向，然后再根据应力变化的连续性，推断出其他点的 σ_1 或 σ_2 方向。

例如，如图10-4中受弯矩为 M 作用的纯弯曲梁，其上边缘为压应力，即 σ_2，下边缘为拉应力，即 σ_1。

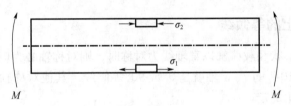

图 10-4　受弯梁应力

（2）用1/4波片判别：在白光的正交平面偏振布置中，使偏振轴与主应力方向成45°。先观察一个主应力方向为已知的点（如对径受压圆盘的中心点），将一块1/4波片放入，使其快、慢轴方向分别与已知点的 σ_1、σ_2 方向一致，发现较高（或较低）条纹级数移向圆盘中心点。再把这块1/4波片的快、慢轴与被测点的主应力方向一致，也发生同样结果，则该点的 σ_1、σ_2 方向必与圆盘中心点的 σ_1、σ_2 方向一致。

10.5　等倾线的特征

10.5.1　自由曲线边界（不受外载的模型边界称自由边界）上的等倾线

图10-5中，对于自由曲线边界上的某点，曲线上该点的切线和法线方向就是此点的主应力方向。如果等倾线与边界相交时，则该交点处模型边界的切线或法线与水平轴的夹角即为该点等倾线的角度。例如，图10-5曲线边界上的某点，其主应力方向（也即法线方向）与水平轴夹角为 θ_M，则过该点的等倾线即为 θ_M 度等倾线，线上各点的主应力方向均与水平轴成 θ_M 或 $\frac{\pi}{2}+\theta_M$ 角。

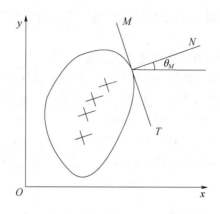

图 10-5　自由曲线边界等倾线

10.5.2　直线边界上的等倾线

对于自由的直线边界或只受法向载荷的直线边界，其本身就是某一角度的等倾线。因为边界上各点无切应力，边界线即为应力主轴，且直线边界上各点主应力方向相同，所以边界线与等倾线重合。等倾线的度数 θ 由直线边界与水平线的夹角决定。图 10-6 所示的两顶角受压方块的四条边界即为 45°等倾线。

10.5.3　对称轴上的等倾线

当模型的几何形状和载荷都以某轴线为对称时，则对称轴必为应力主轴，它就是一条等倾线。例如图 10-7 的 x、y 轴就是 0°或 90°等倾线。其他对称轴的等倾线度数可根据与水平轴线的夹角确定。

在对称轴两侧的等倾线图案必定相同，对称点上的等倾线度数之和必等于 90°。

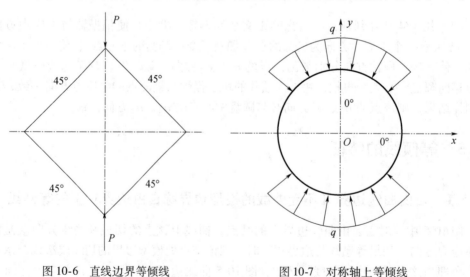

图 10-6　直线边界等倾线　　　　　　图 10-7　对称轴上等倾线

11 平面光弹性应力计算

从光弹性实验可测得两组实验数据：一为等差线条纹级数 N，一为等倾线角度 θ。由等差线条纹级数，根据公式 $\sigma_1 - \sigma_2 = \dfrac{Nf}{h}$，可确定模型中各点的主应力差值。由等倾线角度可确定模型中各点的主应力方向。本章将介绍如何根据这些资料算出模型的边界应力及内部应力。

11.1 边界应力和应力集中系数

11.1.1 边界应力

在平面光弹性模型边界上的应力，可直接由等差线图求得。模型自由边界上任一点都处于单向应力状态，即只有一个与边界切线同向的主应力。如图 11-1 模型边界上的 A 点，其切向主应力可按下式求得：

$$\left.\begin{array}{l}\sigma_1\\\sigma_2\end{array}\right\} = \pm\frac{Nf}{h} \tag{11-1}$$

在模型边界上的 B 点（图 11-1），受有法向压力 q，则该点的切向主应力为：

$$\left.\begin{array}{l}\sigma_1\\\sigma_2\end{array}\right\} = \pm\frac{Nf}{h} - q \tag{11-2}$$

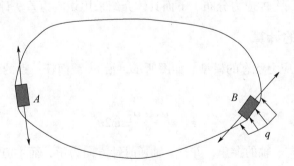

图 11-1 自由边界应力方向

由式（11-1）或式（11-2）计算的应力究竟是 σ_1 还是 σ_2，需根据其符号来确定。常用的方法就是钉压法：在垂直于模型的边界上，对研究的某点施加一个微小的法向压力，同时，观察该点条纹级数的变化。如条纹级数增加，则该点的边界应力为第一主应力 σ_1；反之，则为第二主应力 σ_2。

11.1.2 应力集中系数

在平面光弹性实验中，可以准确地测定边界应力，并且还可以准确地测定有开孔和缺口的试件应力集中区的最大应力和应力集中系数。

自由边界上应力集中区的最大应力为：

$$\sigma_{max} = N_{max} \frac{f}{h} \tag{11-3}$$

式中，N_{max} 为应力集中区的最大条纹级数。

应力集中系数为：

$$\alpha_K = \frac{\sigma_{max}}{\sigma_N} \tag{11-4}$$

式中，σ_N 为最大应力点的计算名义应力。

11.2 切应力差法计算截面上的应力

用光弹性实验方法，可以获得等差线图和等倾线图两种资料，等差线给出了主应力差值，等倾线给出主应力方向。平面问题内部各点的完整应力状态是由三个量（σ_1、σ_2 和主应力方向 θ 或 σ_x、σ_y 和 τ_{xy}）来确定的，因而还需要补充其他的资料，才能将主应力分离出来。这种方法统称为应力分离方法。常见的应力分离方法有：

（1）求主应力和法：该方法用计算或实验方法求得内部各点的主应力和（$\sigma_1 + \sigma_2$），再与等差线图上得到的主应力差（$\sigma_1 - \sigma_2$）配合，求解各点主应力。

（2）斜射法：通过斜射法可以补充一个斜射方向的等差线条纹级次，求解各点主应力。

（3）切应力差法：切应力差法是计算模型某一截面上应力分布最常用的方法。它利用光弹性实验得到的等差线和等倾线，再借助弹性力学中平面问题的平衡方程，即能计算出模型某一截面上的应力分布。下面具体介绍采用切应力差法计算主应力的步骤。

11.2.1 切应力的计算

图 11-2 为平面应力状态的模型。如图所示，沿 ox 截面任一点的切应力 τ_{xy}，根据应力圆可知：

$$\tau_{xy} = \frac{\sigma_1 - \sigma_2}{2} \sin 2\theta \tag{11-5}$$

式中，θ 为 σ_1 方向与 x 轴的夹角，并自 x 轴逆时针方向为正，而主应力差（$\sigma_1 - \sigma_2$）可由等差线得到，即：

$$\sigma_1 - \sigma_2 = \frac{Nf}{h} \tag{11-6}$$

代入式（11-5）可得：

$$\tau_{xy} = \frac{1}{2} \frac{Nf}{h} \sin 2\theta \tag{11-7}$$

式中，切应力符号按弹性理论规定。

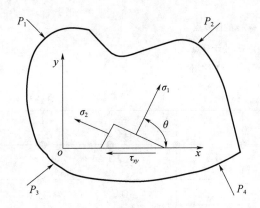

图 11-2 平面应力状态模型

11.2.2 正应力 σ_x 的计算

正应力 σ_x 的计算可利用弹性理论平面问题的平衡方程式，当忽略体积力时有：

$$\frac{\partial \sigma_x}{\partial x} + \frac{\partial \tau_{xy}}{\partial y} = 0$$

$$\frac{\partial \tau_{xy}}{\partial x} + \frac{\partial \sigma_y}{\partial y} = 0 \tag{11-8}$$

将第一式沿 x 轴的 0 到 i 进行积分，得：

$$(\sigma_x)_i = (\sigma_x)_0 - \int_0^i \frac{\partial \tau_{xy}}{\partial y} \mathrm{d}x \tag{11-9}$$

式中，$(\sigma_x)_i$ 为计算点的 σ_x 值；$(\sigma_x)_0$ 为起始边界上 0 点的 σ_x 值，一般 0 点选为原点；$\frac{\partial \tau_{xy}}{\partial y}$ 为切应力沿 y 轴的变化率。

用有限差分的代数和代替积分，可得：

$$(\sigma_x)_i = (\sigma_x)_0 - \sum_0^i \frac{\Delta \tau_{xy}}{\Delta y} \Delta x \tag{11-10}$$

式中，$\Delta \tau_{xy}$ 是在间距 Δx 中切应力沿 Δy 的增量，即间距 Δx 中的上辅助截面与下辅助截面的切应力差值，$\frac{\Delta x}{\Delta y}$ 是相应的间距 Δx 与 Δy 的比值。

由式（11-10）可知，如要计算某一截面 ox 上的正应力 σ_x，必须先在该截面的上下做相距为 Δy 的两辅助截面 AB 及 CD，并将 ox 轴等分成若干份（图 11-3）。然后才能从边界开始逐点计算，以确定各分点的 σ_x 值。

若间距为 Δx 的相邻两点以 $i-1$ 和 i 表示，则式（11-10）可改写为：

$$(\sigma_x)_i = (\sigma_x)_{i-1} - \Delta \tau_{xy} \Big|_{i-1}^i \frac{\Delta x}{\Delta y} \tag{11-11}$$

此式即为切应力差法求正应力的基本公式。式中，$\Delta \tau_{xy}$ 为上、下两辅助截面的切应力差值，即：

$$\Delta \tau_{xy} = \tau_{xy}^{AB} - \tau_{xy}^{CD} \tag{11-12}$$

$\Delta \tau_{xy} \Big|_{i-1}^i$ 表示相邻两点 $i-1$ 和 i 的切应力差的平均值，即：

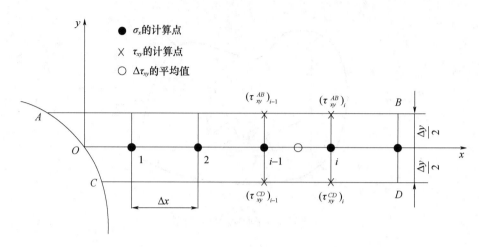

图 11-3　切应力差法计算示例

$$\Delta\tau_{xy}\Big|_{i-1}^{i} = \frac{(\Delta\tau_{xy})_{i-1} + (\Delta\tau_{xy})_{i}}{2} \tag{11-13}$$

在数值计算时，坐标分格的疏密按计算精度要求而定，在应力急剧变化的区域，应适当增密。

11.2.3　σ_y 的计算

算出 σ_x 后，就很容易得到 σ_y，由应力圆可知：

$$\sigma_y = \sigma_x \pm \sqrt{(\sigma_1 - \sigma_2)^2 - 4\tau_{xy}^2} \tag{11-14}$$

或

$$\sigma_y = \sigma_x - (\sigma_1 - \sigma_2)\cos2\theta \tag{11-15}$$

将 $(\sigma_1 - \sigma_2) = \dfrac{Nf}{h}$ 代入上式得：

$$\sigma_y = \sigma_x \pm \sqrt{\left(\frac{Nf}{h}\right)^2 - 4\tau_{xy}^2} \tag{11-16}$$

或

$$\sigma_y = \sigma_x - \frac{Nf}{h}\cos2\theta \tag{11-17}$$

式中，N 为 ox 轴上各点的等差线条纹级数，τ_{xy} 为 ox 轴上各点切应力，由等差线和等倾线资料根据式（11-7）算出；θ 表示主应力 σ_1 方向与 x 轴的夹角，由等倾线资料获得，并自 x 轴逆时针方向转到 σ_1 为正；σ_x 可由式（11-11）算得。

式（11-16）中正负号的选择，视 σ_x、σ_y 两者的大小而定。当 $\sigma_x < \sigma_y$ 时，取正号；当 $\sigma_x > \sigma_y$ 时，取负号。或根据 θ（x 轴与 σ_1 的夹角）来判断，当 $\theta = 45°$ 时，$\sigma_x = \sigma_y$；$\theta < 45°$ 时，$\sigma_x > \sigma_y$；$\theta > 45°$ 时，$\sigma_x < \sigma_y$。

11.2.4　应力计算步骤

下面用一则例题来演示求解应力的步骤。

如图 11-4 所示，对角受压方块，受到顶角处的压荷载 P，对顶角长度尺寸为 $2l$，厚

度为 h，材料条纹值为 f，求解高度为 $0.4l$ 的水平截面 OK 上的应力分布。

（1）在等差线和等倾线图上画出计算截面 OK（图11-5），将 OK 等分成若干段；间距为 Δx；标出各分点。再做 OK 的上辅助截面线 AB 和下辅助截面线 CD，两辅助截面与 OK 截面的间距均为 $\Delta y/2$。通常为了计算方便取 $\Delta x = \Delta y$。

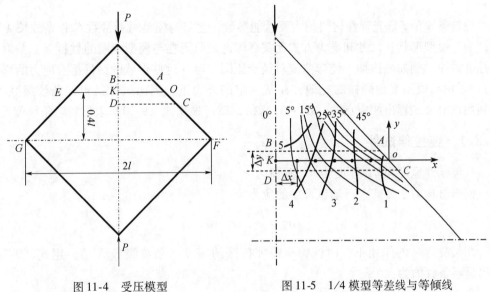

图11-4　受压模型　　　　　　图11-5　1/4模型等差线与等倾线

（2）根据等差线及等倾线图，用图解内插法（或逐点测量）求出各分点的条纹级数值和主应力 σ_1 与 x 轴的夹角（以逆时针为正），分别记为 $(N_{OK})_i$、$(N_{AB})_i$、$(N_{CD})_i$ 及 $(\theta_{OK})_i$、$(\theta_{AB})_i$、$(\theta_{CD})_i$

（3）按式（11-7）计算各截面上各分点的切应力。

（4）按式（11-12）求上截面与下截面各分点的切应力差值，再按式（11-13）求在 Δx 之间 $\Delta\tau_{xy}$ 的平均值。

（5）$\dfrac{\Delta x}{\Delta y}$ 的正负号，与所取的坐标和切应力差的计算有关。Δx 若与正 ox 轴同向则为正，当 $\Delta\tau_{xy}$ 按式（11-12）计算时，Δy 取正号，反之为负。

（6）求 σ_x 的初始值 $(\sigma_x)_0$。点0应取在自由边界上或取在已知分布载荷作用的边界上，这时，$(\sigma_x)_0$ 为已知值。

（7）根据式（11-11）求各点的 σ_x。当 $i=1$ 时，有：

$$(\sigma_x)_1 = (\sigma_x)_0 - \tau_{xy}\Big|_0^1 \frac{\Delta x}{\Delta y}$$

当 $i=2$ 时，有：

$$(\sigma_x)_2 = (\sigma_x)_1 - \tau_{xy}\Big|_1^2 \frac{\Delta x}{\Delta y}$$

$$\cdots$$

（8）按式（11-16）或（11-17）计算各点的 σ_y。

（9）做 OK 截面上 σ_x、σ_y 及 τ_{xy} 的应力分布图。

（10）做静力平衡校核。根据内力与外力必须平衡的条件，对已得的结果进行校核，以估计结果的误差。

11.3 材料条纹值的测定

材料条纹值 f 是光弹性材料的主要性能参数，它只与模型材料常数 C 和光波长 λ 有关，而与模型形状、尺寸和受力方式无关。因此，只需在与模型相同的材料上，截取一个标准试件，例如纯拉伸、纯弯曲或对径受压圆盘等（这些形状的试件都有应力的理论解），采用与模型实验同样的光源，在某一定的外力下，测出试件某点的条纹级数 N，并利用理论公式算出相应点的 $(\sigma_1 - \sigma_2)$ 值，就可根据式（9-20）求出材料条纹值 f。

11.3.1 纯拉伸试件

拉伸试件宽度为 b，厚度为 h，载荷为 P。

根据材料力学公式，可知试件中的应力为：

$$\sigma_1 = \frac{P}{bh}, \quad \sigma_2 = 0。$$

在某载荷 P 的作用下，由试验测得纯拉区的等差线条纹级数 N 值。用式（9-20）算出材料条纹值为：

$$f = \frac{P}{bN}$$

11.3.2 纯弯曲试件

纯弯曲试件（图 11-6），作用弯矩为 M，梁高为 H，厚度为 h。

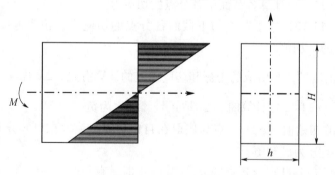

图 11-6 纯弯曲试件

根据材料力学公式，算出梁边缘处应力为：

$$\sigma_1 = \frac{6M}{hH^2}, \quad \sigma_2 = 0。$$

在实验所得的等差线图上，找出梁边缘处的条纹级数 N，再用式（9-20）算出材料条纹值为

$$f = \frac{6M}{NH^2}$$

有时，不采用边缘处的条纹级数（一般为非整数），而取某一个整数条纹级数 N 的点，量取此点离中性层的距离 y 值，计算 $\sigma_1 = \dfrac{My}{I}$，然后求出 f 值。

11.3.3 对径受压的圆盘

圆盘直径为 D，厚度为 h，载荷为 P（图 11-7）。

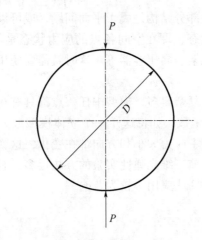

图 11-7 对径受压圆盘

由弹性力学知识可知，在圆盘中心处应力为：

$$\sigma_1 = \frac{2P}{\pi Dh} \qquad \sigma_2 = -\frac{6P}{\pi Dh}$$

于是得：

$$\sigma_1 - \sigma_2 = \frac{8P}{\pi Dh}$$

从光弹性实验的等差线图上，测得圆心处的条纹级数 N，根据式（9-20）算出材料条纹值为：

$$f = \frac{8P}{\pi DN}$$

材料条纹值 f 测量的精确度会直接影响光弹性实验的精确度，考虑到材料受力后的蠕变和温度对条纹值 f 的影响，由加载起到测定条纹级数的时间间隔以及测定时的室温，应与模型实验时一致。

12 三维光弹性的冻结切片法

在实际工程中，只有一部分结构是属于平面问题，或可以直接简化为平面问题。但更多结构是处在三维应力状态，即在空间各点的应力状态是不同的。例如汽轮机转子、压缩机的叶轮、轧钢机的机架、高压容器等。这时就需要使用立体模型进行三维光弹性实验。

三维问题比平面问题要复杂得多，模型中任一点都具有 6 个应力分量。而且每一点的应力都是坐标 x、y、z 的函数。如将这样一个立体模型放入光弹性仪中，光线透射经过一系列的点，而这些点的主应力大小和方向都在变化，这就是三维光弹性实验与平面光弹性实验不同的原因。目前三维光弹性实验的方法很多，有冻结切片法、组合模型法和散光法等，其中以冻结切片法应用得较为普遍。

12.1 冻结切片法

用光弹性材料制成模型，在室温下加载，则模型具有暂时双折射效应，在光弹性仪上即可见到应力条纹图案，如卸掉载荷，则应力条纹图案随即消失。但如将受力模型的温度升高到材料的冻结温度（通常为 110～120℃），恒温一定时间（视模型大小而定），然后，再缓慢降至室温，其温度与时间的曲线图如图 12-1 所示，卸去载荷，此时，模型承受载荷时产生的双折射现象就永久地保存下来，如将模型放在光弹性仪上观察时，即能见到应力条纹图案。这样的现象称为应力冻结。

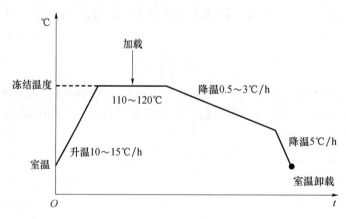

图 12-1 冻结温度曲线

此外，对已冻结好的模型，可切成薄片或进行任何的机械加工（如锯、铣、锉、磨等），其光学效应不会消失，能保持原来在高温加载时的应力条纹。这种特性称为应力冻结效应。

光弹性材料的冻结效应从高分子结构方面进行说明。目前使用的所有光弹性材料均属于高分子聚合物，它是一种双相材料，存在着不可熔和可熔的两族分子键网络。在室温时，这两族网络都是固态的，载荷由这两种网络共同承担。当加热温度上升后，可熔的网络开始熔化成液态，这时载荷主要由不可熔的网络承担，到达冻结温度时，载荷全部由不可熔的网络承担。如这时开始逐渐降温，则可熔的网络开始固化变硬，将不可熔的网络因承受载荷的变形也固定下来，温度降至室温后，虽卸去载荷，但这一变形状态却被保存下来。这就是冻结应力条纹图形成和冻结模型可以进行切削而不影响冻结应力的原因。

利用"应力可以在模型内部冻结"及"切削过程并不影响冻结应力"这两种性质，就可使用冻结切片法实验来研究三维应力分布。

12.2 次主应力

立体模型内任一点的应力状态可用 6 个应力分量 σ_x、σ_y、σ_z、τ_{xy}、τ_{yz} 和 τ_{zx} 表示。如果从冻结模型中任意切取一微单元体，光线沿某一方向例如 z 方向入射此点时，并不是 6 个应力分量都有光学效应，仅与光线垂直的 xy 平面内的次主应力有光学效应，而此次主应力是由应力分量 σ_x、σ_y、τ_{xy} 所决定，与光线入射方向一致的其他分量 τ_{xz}、τ_{yz} 和 σ_z 无关。在 xy 平面内，以 oz 为轴，将坐标 x，y 旋转某一角度，当该剪应力 τ_{xy} 为零时，此时的法向应力称为次主应力，是在与入射光垂直的平面内的最大和最小应力。次主应力的概念在三维光弹性实验中很重要，但由于切片平面并不一定是主平面，因此次主应力并不一定是主应力。次主应力用 σ_1' 和 σ_2' 表示，次主应力方向用 θ' 表示（图 12-2）。

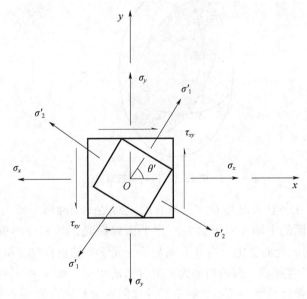

图 12-2 次主应力

次主应力与应力分量的关系为：

$$\left.\begin{matrix} \sigma_1' \\ \sigma_2' \end{matrix}\right\} = \frac{\sigma_x + \sigma_y}{2} \pm \frac{1}{2}\sqrt{\left(\sigma_x - \sigma_y\right)^2 + 4\tau_{xy}^2} \tag{12-1}$$

相应的次主应力方向为：

$$\tan 2\theta' = \frac{2\tau_{xy}}{\sigma_x - \sigma_y} \tag{12-2}$$

若光线沿 oy 或 ox 轴入射，则相应的次主应力由 σ_x、σ_z 和 τ_{xz} 或 σ_y、σ_z 和 τ_{yz} 来确定。

由上所述可知，当光线照射方向改变时，对应的次主应力、大小和方向也相应改变，因而次主应力随光线入射方向的改变而有无数个。而任一点真正的主应力大小和方向一般只有一组，它唯一地决定于模型形状及载荷情况，不随光线入射方向的改变而变化。

12.3　三维光弹性效应

三维光弹性模型材料在承受外力之前呈现各向同性性质，光波在其中每个方向的传播速度都是一致的。如在外力作用下产生了应力，该材料就变为光学各向异性，当光入射到这样的光学各向异性体上，就发生双折射效应。现在用一个折射率椭球来表示各向异性体任一点的双折射性质。折射率椭球在一般情况下是一个三轴的椭球体，它的三个主轴称为光学主轴，其长短分别代表三个主折射率的大小，其中 $n_1 > n_2 > n_3$（图 12-3）。

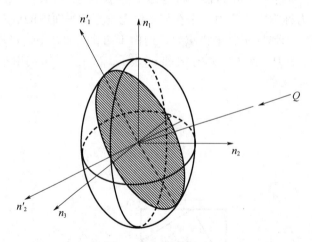

图 12-3　折射率椭球

当光线从任意方向 Q 入射与 Q 方向垂直的截面是一个椭圆平面。由于双折射效应，入射光沿该椭圆平面的主轴方向分解为两束平面偏振光，其相应的折射率为 n_1' 和 n_2'。n_1' 和 n_2' 随 Q 的方向改变而变化。当 Q 方向与任一光学主轴重合时（例如 n_3），与之垂直的椭圆平面就是光学主平面，其折射率为主折射率 n_1 和 n_2，而 n_1' 和 n_2' 则称为次主折射率。

实验证明，光弹性模型中某点折射率椭球体的主轴与该点的三个主应力方向（应力主轴）重合，主折射率与主应力之间存在着线性关系：

$$\begin{aligned}
n_1 - n_0 &= A\sigma_1 + B(\sigma_2 + \sigma_3) \\
n_2 - n_0 &= A\sigma_2 + B(\sigma_1 + \sigma_3) \\
n_3 - n_0 &= A\sigma_3 + B(\sigma_1 + \sigma_2)
\end{aligned} \tag{12-3}$$

式中，n_0 为模型材料在无应力时的折射率；A、B 为模型材料的绝对应力光学系数。

同理，对于任一与入射光方向 Q 垂直的椭圆平面，其次主折射率 n_1' 和 n_2' 与相应的次主应力 n_1' 和 n_2' 和在入射光方向的法向应力 σ_Q 也呈线性关系，即：

$$n_1' - n_0 = A\sigma_1' + B\ (\sigma_2' + \sigma_Q)$$
$$n_2' - n_0 = A\sigma_2' + B\ (\sigma_1' + \sigma_Q) \qquad (12\text{-}4)$$

从式（12-4）中消去 n_0 并令 $C = A - B$，得：

$$n_1' - n_2' = C\ (\sigma_1' - \sigma_2') \qquad (12\text{-}5)$$

式中，C 为模型材料的应力光学系数。

式（12-5）说明，当光从 Q 方向入射时，与入射光方向 Q 垂直的椭圆平面上的次主折射率差 $n_1' - n_2'$ 与相应的次主应力差 $(\sigma_1' - \sigma_2')$ 成正比。

一般情况下，$n_1' \neq n_2'$，所以相应的光波通过各向异性体的任一点后发生双折射现象。与平面问题相似，产生的光程差和与入射光方向垂直的截面的厚度及次主折射率差成正比：

$$\Delta = h\ (n_1' - n_2')$$

将式（12-5）代入上式可得：

$$\Delta = Ch\ (\sigma_1' - \sigma_2') \qquad (12\text{-}6)$$

式（12-6）忽略了次主应力大小沿厚度的变化和方向可能发生旋转的影响。当光波沿切片厚度方向前进，若沿厚度各点次主应力方向不变，而大小有所不同，则射出时产生光程差为：

$$\Delta = C\int_0^h (\sigma_1' - \sigma_2')\mathrm{d}h \qquad (12\text{-}7)$$

若沿厚度各点次主应力的大小和方向都有变化，则式（12-7）的积分式内应再加上方向变化的影响。一般讲，模型切片都较薄（约 3mm），次主应力大小和方向的变化不大，且其在光路中的变化规律又为未知，应用式（12-7）是有困难的，故通常使用的还是式（12-6）。

将 $\Delta = N\lambda$ 和 $f = \dfrac{\lambda}{C}$ 代入式（12-6），即可得次主应力差值与条纹级数 N 的关系式：

$$(\sigma_1' - \sigma_2')\ = N\frac{f}{h} \qquad (12\text{-}8)$$

式中，f 为冻结材料的条纹值。

12.4　模型切片正射法

做三个几何形状、加载情况和冻结条件完全相同的立体模型，分别在各模型中切出一薄片，使这三薄片取互相垂直的方位并包含所研究的点。然后，使偏振光分别垂直入射到各薄片上，这样就能得到一系列的光学资料，从而可计算各应力分量，如图 12-4 所示。

如对第一个冻结模型，设切片平面在 xy 平面内，光线沿 z 轴方向垂直入射［图 12-4（a）］。得：

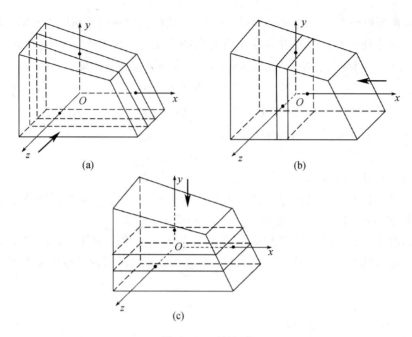

图 12-4　正射切片

$$\sigma_x - \sigma_y = (\sigma_1' - \sigma_2')_z \cos2\theta_z' = \frac{N_z f}{h_z}\cos2\theta_z'$$

$$\tau_{xy} = \frac{1}{2}(\sigma_1' - \sigma_2')_z \sin2\theta_z' = \frac{N_z f}{2h_z}\sin2\theta_z' \tag{12-9}$$

同理，对另外两个冻结模型，分别在 yz 和 zx 平面内切出两片薄片，光线分别从 x 方向和 y 方向垂直入射［图 12-4（b）、（c）］，得：

$$\sigma_y - \sigma_z = (\sigma_1' - \sigma_2')_x \cos2\theta_x' = \frac{N_x f}{h_x}\cos2\theta_x'$$

$$\tau_{yz} = \frac{1}{2}(\sigma_1' - \sigma_2')_x \sin2\theta_x' = \frac{N_x f}{2h_x}\sin2\theta_x' \tag{12-10}$$

$$\sigma_z - \sigma_x = (\sigma_1' - \sigma_2')_y \cos2\theta_y' = \frac{N_y f}{h_y}\cos2\theta_y'$$

$$\tau_{xz} = \frac{1}{2}(\sigma_1' - \sigma_2')_y \sin2\theta_y' = \frac{N_y f}{2h_y}\sin2\theta_y' \tag{12-11}$$

以上各式中，$(\sigma_1' - \sigma_2')_z$、$(\sigma_1' - \sigma_2')_x$、和 $(\sigma_1' - \sigma_2')_y$ 分别是 z 方向，x 方向和 y 方向入射时的次主应力差，可由对应的等差线图上求得 N_z、N_x 和 N_y 分别为各次入射时的条纹级数；h_z、h_x 和 h_y 分别为各次入射时切片的厚度；θ_z'、θ_x' 和 θ_y' 分别为各次入射时的次主应力方向，它们可由对应的等倾线图得到。

注意到 $(\sigma_x - \sigma_y) + (\sigma_y - \sigma_z) + (\sigma_z - \sigma_x) = 0$，所以上述 6 个方程中，只有 5 个是独立的，必须再补充一个方程式才能求解。一般可利用直角坐标系中的一个平衡方程式，当体积力等于零时，有：

$$\frac{\partial\sigma_x}{\partial x} + \frac{\partial\tau_{yx}}{\partial y} + \frac{\partial\tau_{zx}}{\partial z} = 0$$

将此式化成差分形式，即得：

$$(\sigma_x)_i = (\sigma_x)_0 - \sum_0^i \frac{\Delta \tau_{yx}}{\Delta y}\Delta x - \sum_0^i \frac{\Delta \tau_{zx}}{\Delta z}\Delta x \qquad (12\text{-}12)$$

式中，$(\sigma_x)_0$ 为边界上 x 方向的正应力。

有时采用圆柱坐标系较为方便，其平衡方程式为：

$$\frac{\partial \sigma_r}{\partial r} + \frac{1}{r}\frac{\partial \tau_{\theta r}}{\partial \theta} + \frac{\partial \tau_{zr}}{\partial z} + \frac{\sigma_r - \sigma_\theta}{r} = 0 \qquad (12\text{-}13)$$

$$\frac{\partial \tau_{r\theta}}{\partial r} + \frac{1}{r}\frac{\partial \sigma_\theta}{\partial \theta} + \frac{\partial \tau_{z\theta}}{\partial z} + \frac{2\tau_{r\theta}}{r} = 0 \qquad (12\text{-}14)$$

$$\frac{\partial \tau_{rz}}{\partial r} + \frac{1}{r}\frac{\partial \tau_{\theta z}}{\partial \theta} + \frac{\partial \sigma_z}{\partial z} + \frac{\tau_{rz}}{r} = 0 \qquad (12\text{-}15)$$

计算时也化成差分形式求解。

同平面问题一样，由平衡方程式补充了一个条件，这样就有 6 个关系式，能求解 6 个应力分量。

该方法的优点是，由于实验时光线是垂直入射的，因此可以获得较准确的等差线图和等倾线图。缺点是需要做 3 个几何形状、载荷情况和冻结条件完全相同的模型，这在实际上不易做到，因此给实验带来一定误差。另外，在模型材料使用上也是不经济的。

12.5 模型切片斜射法

12.5.1 斜射法

当偏振光斜向射入模型时（图 12-5），应力与条纹级数之间有如下关系：

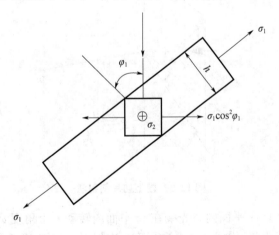

图 12-5 斜射法

$$\sigma_1 \cos^2\varphi_1 - \sigma_2 = N_{\varphi_1}\frac{f}{h}\cos\varphi_1 \quad \text{绕 } \sigma_2 \text{ 轴斜射}$$

$$\sigma_1 - \sigma_2 \cos^2\varphi_2 = N_{\varphi_2}\frac{f}{h}\cos\varphi_2 \quad \text{绕 } \sigma_1 \text{ 轴斜射} \qquad (12\text{-}16)$$

式中，φ_1、φ_2 分别是绕 σ_2 轴和 σ_1 轴旋转时的斜射角，N_{φ_1}、N_{φ_2} 分别为相应的条纹级数。

应用斜射法的式（12-16）和正射法式（9-20），可以达到应力分离的目的。斜射法对于对称轴线上的应力分离比较方便，可避免测量等倾线的误差。有时，如只需测定模型内个别点的应力分量，则也可采用斜射法。

应用斜射法时，为了避免光线在射入试件时发生折射，必须将试件放在盛有与模型折射率相同的浸没液缸内。浸没液采用 α-溴代萘或 α-氯代萘（折射率分别为 1.688 与 1.632）和石蜡或白油（折射率分别为 1.455 与 1.468）的混合液，按某一比例配制成与模型材料相同的折射率。

12.5.2　模型切片斜射法

此方法只需一个冻结模型，沿所研究的截面切出一薄片，进行一次正射和两次斜射（斜射必须在与模型材料折射率相同的浸没液缸内进行），结合弹性理论的应力转轴公式进行计算，即可获得 6 个应力分量。

首先，将切出的薄片置于 xy 平面内。使光线沿 z 方向正射到薄片上（图 12-6），可得：

$$\left.\begin{aligned}
\sigma_x - \sigma_y &= (\sigma'_1 - \sigma'_2)_0 \cos 2\theta'_0 = \frac{N_0 f}{h}\cos 2\theta'_0 \\
\tau_{xy} &= \frac{1}{2}(\sigma'_1 - \sigma'_2)_0 \sin 2\theta'_0 = \frac{1}{2}\frac{N_0 f}{h}\sin 2\theta'_0
\end{aligned}\right\} \tag{12-17}$$

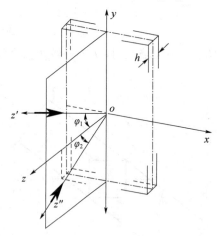

图 12-6　模型切片斜射法

其次，薄片仍置于 xy 平面内，光线在 yz 平面内转动一个角度 φ_1（或薄片绕 x 轴转动一个 φ_1 角，而光线仍与 z 轴平行），进行第一次斜射，如图 12-6 所示。光线入射方向为 z'，此时只有与光线方向垂直的 $x'y'$ 平面内的应力分量才有光学效应，因此有：

$$\left.\begin{aligned}
\sigma_{x'} - \sigma_{y'} &= (\sigma'_1 - \sigma'_2)_1 \cos 2\theta'_1 = \frac{N_1 f\cos\varphi_1}{h}\cos 2\theta'_1 \\
\tau_{x'y'} &= \frac{1}{2}(\sigma'_1 - \sigma'_2)_1 \sin 2\theta'_1 = \frac{1}{2}\frac{N_1 f\cos\varphi_1}{h}\sin 2\theta'_1
\end{aligned}\right\} \tag{12-18}$$

最后，进行第二次斜射，薄片仍置于 xy 平面内，光线的入射方向在 xz 平面内与 z 轴成 φ_2 角（或薄片绕 y 轴转动一个 φ_2 角，而光线仍与 z 轴平行），如图 12-6 所示。光线入射方向为 z''，此时只有与光线方向垂直的 $x''y''$ 平面内的应力分量才有光学效应，因此有：

$$\left. \begin{aligned} \sigma_{x''} - \sigma_{y''} &= (\sigma_1' - \sigma_2')_2 \cos2\theta_2' = \frac{N_2 f \cos\varphi_2}{h}\cos2\theta_2' \\ \tau_{x''y''} &= \frac{1}{2}(\sigma_1' - \sigma_2')_2 \sin2\theta_2' = \frac{1}{2}\frac{N_2 f \cos\varphi_2}{h}\sin2\theta_2' \end{aligned} \right\} \tag{12-19}$$

以上各式中，$(\sigma_1' - \sigma_2')_1$、$(\sigma_1' - \sigma_2')_2$ 和 $(\sigma_1' - \sigma_2')_3$ 分别为正射和两次斜射时的次主应力差。N_0、N_1、N_2 分别为各次入射时的条纹级数，可从对应的等差线图上求得；θ_0'、θ_1' 和 θ_2'，分别为各次入射时的次主应力方向，它们可由对应的等倾线图给出；σ_x、σ_y 和 τ_{xy} 为 xy 平面内的应力分量；$\sigma_{x'}$、$\sigma_{y'}$ 和 $\tau_{x'y'}$ 为 $x'y'$ 平面内的应力分量；$\sigma_{x''}$、$\sigma_{y''}$ 和 $\tau_{x''y''}$ 为 $x''y''$ 平面内的应力分量。应用弹性理论的转轴公式，可以将这些应力分量联系起来，最后解出 6 个应力分量。

第一次斜射时，新旧坐标轴的夹角余弦如下：

$$\begin{array}{cccc} & x & y & z \\ x' & l_1 = 1 & m_1 = 1 & n_1 = 0 \\ y' & l_2 = 0 & m_2 = \cos\varphi_1 & n_2 = \sin\varphi_1 \\ z' & l_3 = 0 & m_3 = -\sin\varphi_1 & n_3 = \cos\varphi_1 \end{array}$$

由转轴关系得：

$$\left. \begin{aligned} \sigma_{x'} &= \sigma_x \\ \sigma_{y'} &= \sigma_y\cos^2\varphi_1 + \sigma_z\sin^2\varphi_1 + \tau_{yz}\sin2\varphi_1 \\ \tau_{x'y'} &= \tau_{zx}\sin\varphi_1 + \tau_{xy}\cos\varphi_1 \end{aligned} \right\} \tag{12-20}$$

同理，第二次斜射，利用转轴公式计算得：

$$\left. \begin{aligned} \sigma_{x''} &= \sigma_x\cos^2\varphi_2 + \sigma_z\sin^2\varphi_2 - \tau_{xz}\sin2\varphi_2 \\ \sigma_{y''} &= \sigma_y \\ \tau_{x''y''} &= -\tau_{yz}\sin\varphi_2 + \tau_{xy}\cos\varphi_2 \end{aligned} \right\} \tag{12-21}$$

将式（12-20）、式（12-21）代入式（12-18）、式（12-19），再结合式（12-17），即可获得 6 个方程式：

$$\left. \begin{aligned} &\sigma_x - \sigma_y = (\sigma_1' - \sigma_2')_0\cos2\theta_0' = \frac{N_0 f}{h}\cos2\theta_0' \\ &\sigma_x - \sigma_y\cos^2\varphi_1 - \sigma_z\sin^2\varphi_1 - \tau_{yz}\sin2\varphi_1 = (\sigma_1' - \sigma_2')_1\cos2\theta_1' = \frac{N_1 f}{h}\cos\varphi_1\cos2\theta_1' \\ &\sigma_x\cos^2\varphi_2 + \sigma_z\sin^2\varphi_2 - \tau_{xz}\sin2\varphi_2 - \sigma_y = (\sigma_1' - \sigma_2')_2\cos2\theta_2' = \frac{N_2 f}{h}\cos\varphi_2\cos2\theta_2' \\ &\tau_{xy} = \frac{1}{2}(\sigma_1' - \sigma_2')_0\sin2\theta_0' = \frac{1}{2}\frac{N_0 f}{h}\sin2\theta_0' \\ &\tau_{zx}\sin\varphi_1 + \tau_{xy}\cos\varphi_1 = \frac{1}{2}(\sigma_1' - \sigma_2')_1\sin2\theta_1' = \frac{1}{2}\frac{N_1 f}{h}\cos\varphi_1\sin2\theta_1' \\ &\tau_{xy}\cos\varphi_2 - \tau_{yz}\sin\varphi_2 = \frac{1}{2}(\sigma_1' - \sigma_2')_2\sin2\theta_2' = \frac{1}{2}\frac{N_2 f}{h}\cos\varphi_2\sin2\theta_2' \end{aligned} \right\} \tag{12-22}$$

其中，有一个方程式不独立，需补充一个平衡方程式，才能解出 6 个应力分量。

这个方法在目前三维应力分析中应用较为广泛。它的优点是只需用一个模型的一个切片，便能解出截面内各点的全部应力分量，缺点是当切片绕 x 轴和 y 轴转动时，等差线图和等倾线图的变化可能不大，影响实验的精确度。

以上公式是在一般情况下推导出来的。如在斜射时采用特殊角 $\varphi_1 = 30°$、$\varphi_2 = 45°$ 或 $\varphi_1 = 45°$、$\varphi_2 = 45°$，则公式（12-22）将进一步简化。例如，当 $\varphi_1 = \varphi_2 = 45°$ 时，则式（12-22）简化为：

$$
\left.
\begin{aligned}
&\sigma_x - \sigma_y = \frac{N_0 f}{h}\cos 2\theta_0' \\
&\sigma_x - \frac{1}{2}\sigma_y - \frac{1}{2}\sigma_z - \tau_{yz} = \frac{N_1 f}{\sqrt{2}\,h}\cos 2\theta_1' \\
&\frac{1}{2}\sigma_x + \frac{1}{2}\sigma_z - \tau_{xz} - \sigma_y = \frac{N_2 f}{\sqrt{2}\,h}\cos 2\theta_2' \\
&\tau_{xy} = \frac{1}{2}\frac{N_0 f}{h}\sin 2\theta_0' \\
&\tau_{zx} + \tau_{xy} = \frac{1}{2}\frac{N_1 f}{h}\sin 2\theta_1' \\
&\tau_{xy} - \tau_{yz} = \frac{1}{2}\frac{N_2 f}{h}\sin 2\theta_2'
\end{aligned}
\right\}
\quad (12\text{-}23)
$$

解上式可得：

$$
\left.
\begin{aligned}
&\sigma_x - \sigma_y = \frac{N_0 f}{h}\cos 2\theta_0' \\
&\sigma_y - \sigma_z = \frac{f}{h}\left(N_0\cos 2\theta_0' - \sqrt{2}N_2\cos 2\theta_2' - N_1\sin 2\theta_1' + N_0\sin 2\theta_0'\right) \\
&\sigma_z - \sigma_x = \frac{f}{h}\left(N_0\cos 2\theta_0' - \sqrt{2}N_1\cos 2\theta_1' - N_0\sin 2\theta_1' + N_2\sin 2\theta_2'\right) \\
&\tau_{xy} = \frac{N_0 f}{2h}\sin 2\theta_0' \\
&\tau_{yz} = \frac{f}{2h}\left(N_0\sin 2\theta_0' - N_2\sin 2\theta_2'\right) \\
&\tau_{zx} = \frac{f}{2h}\left(N_1\sin 2\theta_1' - N_0\sin 2\theta_0'\right)
\end{aligned}
\right\}
\quad (12\text{-}24)
$$

12.6　三维模型自由表面的应力测量

由于构件的破坏通常起源于表面，因此在很多工程实例中，常只需测定三维构件表面的应力。

对于平行于表面的切片，如 xz 平面的切片，由于 $\sigma_y = \tau_{yz} = \tau_{yx}$，故属平面应力状态，其分析方法与解平面问题相同。

12.6.1　正射法

如图 12-7 所示，设需要确定 x 轴线上的表面应力，则切取包含 x 轴线的小方柱体，

柱体沿 y 方向的厚度为 h_y，沿 z 方向的厚度为 h_z。对小方柱体进行 y、z 方向两次正射，即能确定其表面某点的全部应力分量。

当光线从 z 方向正射于切片，从等差线图上可确定表面上各点的条纹级数 N_z。条纹级数与主应力差成正比，但因 $\sigma_y = \tau_{xy} = 0$，所以 σ_x 可单独确定，即：

$$\sigma_x = N_z \frac{f}{h_z} \tag{12-25}$$

光线再从 y 方向正射于切片，从等差线图上可确定表面上各点的条纹级数 N_y，从等倾线图上可确定各点次主应力的方向 θ_y'，代入式（12-11）可得：

$$\sigma_z - \sigma_x = \frac{N_y f}{h_y} \cos 2\theta_y' \tag{12-26}$$

$$\tau_{xz} = \frac{1}{2} \frac{N_y f}{h_y} \sin 2\theta_y' \tag{12-27}$$

以上两式结合式（12-25），即可求得 σ_z 和 τ_{xz}。

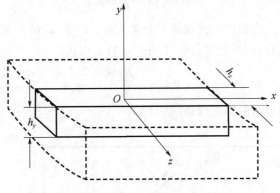

图 12-7　表面应力测量正射法

12.6.2　斜射法

取一包含被测点并垂直于表面的切片，如图 12-8 所示。入射光沿 z 轴正射一次，再在下载 xz 平面内绕 y 轴偏转 $\pm\varphi$ 斜射两次，即能得到切片上沿模型表面各点的全部应力分量。

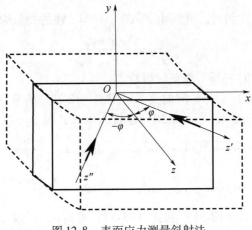

图 12-8　表面应力测量斜射法

当光线沿 z 轴正射时，σ_z、τ_{xz} 不产生光学效应，只有 σ_x 才有光学效应（图12-9），得：

$$\sigma_x = \frac{N_z f}{h_z} \qquad (12\text{-}28)$$

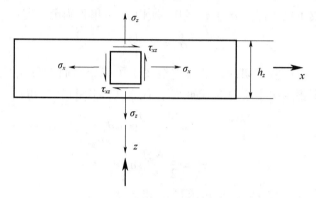

图12-9　对切片的正射

对此切片进行第一次斜射。光线从 z' 方向入射，z' 与 z 轴的夹角为 φ，此时 $\sigma_{z'}$ 和 $\tau_{x'z'}$ 不产生光学效应，只有 $\sigma_{x'}$ 有光学效应（图12-10），可得：

$$\sigma_{x'} = \frac{N_1 f \cos\varphi}{h_z} \qquad (12\text{-}29)$$

式中，N_1 为第一次斜射时的等差线条纹级数。

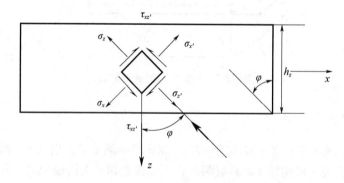

图12-10　对切片的斜射

再对切片进行第二次斜射，光线由 z'' 入射，z'' 与 z 轴的夹角为 $-\varphi$。同理可得：

$$\sigma_{x''} = \frac{N_2 f \cos\varphi}{h_z} \qquad (12\text{-}30)$$

式中，N_2 为第二次斜射时的等差线条纹级数。

新坐标系与原坐标系应力分量间的关系可用式（12-21）的第一式计算，将式（12-29）代入该式，式中的 $\varphi_2 = \varphi$；将式（12-30）也代入该式，且 $\varphi_2 = -\varphi$ 可得：

$$\sigma_x \cos^2\varphi + \sigma_z \sin^2\varphi - \tau_{zx}\sin 2\varphi = \frac{N_1 f \cos\varphi}{h_z} \qquad (12\text{-}31)$$

$$\sigma_x \cos^2\varphi + \sigma_z \sin^2\varphi - \tau_{zx}\sin 2\varphi = \frac{N_2 f \cos\varphi}{h_z} \qquad (12\text{-}32)$$

利用式（12-28）、式（12-31）和式（12-32）可解出三个未知量 σ_x、σ_z、τ_{xz}。

$$\sigma_x = N_z \frac{f}{h_z}$$

$$\sigma_z = \frac{f}{h_z} \left[\frac{(N_1 + N_2) \ \cos\varphi - 2N_z \cos^2\varphi}{1 - \cos2\varphi} \right] \qquad (12\text{-}33)$$

$$\tau_{xz} = \frac{f}{h_z} \left(\frac{N_2 - N_1}{4\sin\varphi} \right)$$

13 光弹性实验材料和模型

13.1 光弹性材料

可用于光弹性实验的材料很多，早期有玻璃、赛璐珞、电木等，后来又陆续使用各种树脂材料所做成的塑料。树脂种类众多，各国产品牌不尽相同，这些材料的性能有很大差别，还很难找到一种理想的材料能同时满足各方面的要求。由于环氧树脂塑料具有较高的光学灵敏度，光学蠕变和力学蠕变较小，颜色较淡，基本上能满足光弹性实验的要求，故已成为国内外使用较为普遍的一种模型材料。

近十几年来，又出现了一种热塑性塑料——聚碳酸酯。它的优点是光学灵敏度高，无毒可以回收重复使用，使制造模型的成本大大降低，而且可用于弹塑性模型，因而引起了人们的重视。

还有一些光弹性材料可供特殊需要使用，具体如下：

（1）在环氧树脂中加入不同量的增塑剂（邻）苯甲酸二丁酯，可改变材料的弹性模量，亦相应地改变了材料的条纹值。

（2）聚氨基甲酸酯橡胶可用于感受大变形，也可用于动光弹性实验。

（3）在环氧树脂中加入一定量的碳化硅油，可以增强散光效应。

（4）以环氧树脂为基，加胺类固化剂，在常温下固化，可制成任意形状的贴片用于贴片法光弹性实验。

（5）用动物胶（明胶加甘油）做成的光弹性模型，光学灵敏度大，弹性模量低，可用于研究自重影响。

（6）用玻璃丝或硼、碳等纤维夹杂在环氧树脂中制作模型，可用于各向异性的复合材料力学研究。

理想的光弹性材料应满足下列要求：

（1）透明度好，均质；受力前呈力学和光学的各向同性，受力后具有暂时双折射现象。

（2）光学灵敏度高，即材料条纹值 f 较小。

（3）要求应力-应变，应力-条纹之间在较宽的范围内具有线性关系。

（4）无初应力。如有初应力，则要求经退火后易于消除。

（5）材料具有较小的时间边缘效应（即材料不受力时，随着时间增长而在边缘出现初应力）和光学蠕变效应（指在一定载荷作用下，条纹随时间而增加）。

（6）具有良好的加工性能。要求不脆，易于切削加工，加工效应小（由于加工不当，而在边缘出现不可消除的初应力）。

（7）在三维光弹性实验中，还须具有良好的应力冻结性能。

（8）便于制造，价格便宜。

常温下，光弹性材料的主要参数有光学比例极限、抗拉强度、弹性模量、泊松比、光学蠕变、时间-边缘效应、材料的条纹值以及材料的质量系数等。其中抗拉强度、弹性模量和泊松比的定义和测试方法与材料力学相同，其他主要性质分述如下：

光学比例极限是指条纹级数与应力呈线性关系的最大应力，为了便于测量，通常以偏离线性关系2%时的应力作为名义光学比例极限。

光学蠕变是指光弹性材料在一定载荷作用下，条纹级数随时间而缓慢增加的现象。光学蠕变的大小与外力及温度有关。一般来说，光学蠕变在加载的最初几分钟特别显著。为了避免蠕变的影响，提高实验精度，测定材料条纹值 f 的标定实验和模型实验必须在相同的时间与温度条件下进行。在平面光弹性实验中，以在加载 $15 \sim 30 min$ 后进行测量为宜。

时间-边缘效应是指材料即使不受载荷作用，在室温下，随时间的增长在材料的边缘引起的初应力。这是由于光弹性材料在加工或锯割后，在边界很狭窄的一个区域内，由于水分的蒸发或吸收而产生初应力，一般为压应力。时间-边缘效应会使等差线呈现出明显的弯曲，降低实验精确度。

材料的条纹值是光弹性材料的一个基本性能参数，与模型的形状、尺寸及受力方式有关。

材料的质量系数 K 定义为材料弹性模量与材料条纹值的比值：

$$K = \frac{E}{f_a} \times 10^{-3}$$

式中，K 是衡量材料优劣的指标。好的光弹性材料应具有较高的弹性模量及较低的材料条纹值，材料的质量系数 K 是评价其质量的一个综合性指标，用于实验时，该值越大越好。

应该指出，材料性能的具体指标，不仅随原料品种、配方和浇注工艺而不同，而且与实验条件有关。

材料在不同温度时的光学和力学性质是不同的。图 13-1 为环氧树脂材料的应力条纹随温度变化的曲线，称为热-光曲线。该曲线可分为三个阶段：

第 I 阶段，称为玻璃态。其特点是弹性模量大，蠕变小，应力-应变之间呈线性关系。

第 II 阶段，称为过渡态。其特点是在较小的温度范围内，弹性模量和材料条纹值大幅度降低，蠕变大。

第 III 阶段，称为高弹态（或橡胶态）。其特点是材料呈完全弹性，弹性模量和材料条纹值比第 I、II 阶段小得多，并趋于稳定的数值。

根据热-光曲线可以确定光弹性材料进行应力冻结时所需的温度——冻结温度。图 13-1 中，与第 I、第 II 阶段的转折点 A 对应的温度称为玻璃化温度，与第 II、第 III 阶段转折点 B 对应的温度称为临界温度。临界温度是材料在加载后变形立即达到最大，卸载后变形又立即消失的最低温度，也即高弹态阶段开始的温度。在光弹性实验中，通常取比临界温度高 $5 \sim 10 ℃$ 的温度作为冻结温度，并且这也是材料的退火温度，在此温度下，内应力可以全部释放。

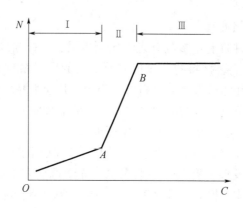

图 13-1　环氧树脂塑料的热-光曲线

13.2　环氧树脂光弹性模型制作

13.2.1　原料与配比

环氧树脂光弹性材料是一种高分子聚合物，它是在环氧树脂中加入一定量的固化剂和增塑剂，混合均匀、加热固化而成。

环氧树脂是一种胶状树脂，我国生产的供光弹性实验用的环氧树脂型号为 E-51、E-42 和 E-44（即产品编号为 #618、#634 和 #6101），其颜色随分子量的增大而加深，#618 为淡黄色，#6101 为深黄色。

固化剂为顺丁烯二酸酐（又称失水苹果酸酐），是一种白色结晶体，具有刺激性，其熔点约为 62℃。这种固化剂操作方便，硬化时放热较少。制作冻结光弹性材料时，改变固化剂的含量，就可改变冻结光弹性材料的弹性模量。

增塑剂为（邻）苯二甲酸二丁酯，是一种无色透明液体，增塑剂不参与固化反应，仅为机械混合，但它能增进材料韧性，使切削加工性能改善。如适当增加增塑剂的含量，加大到 10%~50%，就可以改变光弹性材料的常温弹性模量。

催化剂为二甲基苯胺。加入微量的催化剂，可以缩短树脂聚合固化的时间。

常用的原料配比，按重量计如下：环氧树脂：顺丁烯二酸酐：（邻）苯二甲酸二丁酯：二甲基苯胺 = 100：30~35：0~5：0~0.5。

顺丁烯二酸酐会散发刺激性气体，二甲基苯胺散发有毒性气体，在工作时必须采取防毒措施，注意安全防护。例如实验室应有良好的通风设备，操作应在通风橱内进行等。

13.2.2　平板模具制作

平面光弹性模型一般是用平板材料经机械加工而成，制作平板材料用的模具大都采用平板玻璃模具。玻璃厚 5~7mm，表面要求平整。用内插粗铁丝的橡皮管夹在两块玻璃板之间，加铁丝是为了能围成一定形状，套上橡皮管是为了增加弹性，当两块玻璃板压紧后能防止渗漏。模型厚度由垫块控制。橡皮管的直径应比垫块厚度略大。

先将玻璃洗净，用丙酮清洗表面，然后浸涂脱模剂。脱模剂的配方为甲苯：聚苯乙

烯 = 100 : 5 ~ 10。将配好的脱模剂溶液倒在玻璃板的一端，用玻璃棒均匀地将脱模剂推向玻璃板的另一端，使在玻璃表面形成一层薄膜，等第一层薄膜基本晾干后，再涂第二层，一般涂三层即可。

合模时，小心调整两块玻璃板之间的距离，以保证平板材料的厚度均匀，然后用螺钉装配、压紧，并采取严密的防漏措施。

13.2.3 浇注与固化

环氧树脂塑料的固化工艺采用二次固化法。先将环氧树脂混合液浇注在模具中，令其在低温下固化成型，待材料凝固后，进行脱模，再做第二次高温固化。浇注和固化工艺过程如下：

（1）按欲浇注的模型体积和配比称出各原料用量。将称出的环氧树脂预热至 60 ~ 70℃。同时，将已称好的顺丁烯二酸酐置于熔器内加热至 60℃左右，使其完全熔化。

（2）将已称好的（邻）苯二甲酸二丁酯倒入预热好的环氧树脂中，再将顺丁烯二酸酐缓慢倒入，并不断进行搅拌，搅拌时最好置于有自动控温加热装置的通风橱中，温度控制在 45℃左右。为使固化反应热能及时散出，一次的搅拌量不可太多，如模型大，用量较多时，可分批搅拌，再混合。如搅拌量多时，可适当延长搅拌时间。最后，将材料在 55℃下静放 20min，以便让杂质全部沉淀，气泡逸出。

（3）将环氧树脂混合液注入经过充分预热的模具内。然后将模具置于恒温箱内，使它在 40 ~ 50℃温度下进行第一次固化。采取这种较低的固化温度，是为了延缓固化反应速率。

（4）待材料固化后，降至室温拆模。第一次固化后的塑料，因固化温度较低，固化反应不完全，材料性能不稳定，需进行第二次固化。

（5）将一次固化后的模型放在油内（如甘油），加温，进行第二次固化。放在油内是为避免模型自重的影响。升温到 80 ~ 85℃，再恒温一段较长的时间，使材料固化均匀些，以缩短高温时的恒温时间。最后升温至高温阶段（110 ~ 120℃），使材料有较稳定的性能。待固化反应完全后，缓慢降至室温。固化时，升温速度不宜超过 5℃/h，以免固化反应过速。降温速度控制在 0.5 ~ 3℃/h 以免产生温度应力。二次固化温度曲线如图 13-2 所示。模型尺寸大小不同时，固化过程可适当调整。

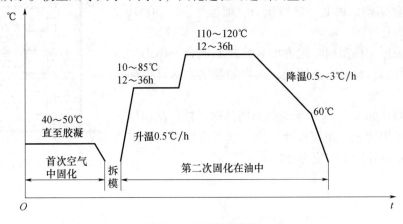

图 13-2　固化温度曲线

（6）一般来说，采用二次固化法，由于第二次固化是在模型解除约束的情况下进行的，所以无须进行退火。如浇注的环氧树脂材料或模型有初应力存在，则可按图 13-3 的温度曲线进行退火处理。退火时，最好将模型或材料放在油内进行，使受热均匀。

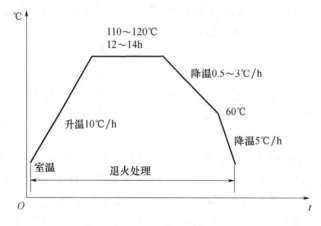

图 13-3　退火温度曲线

（7）放热反应是环氧树脂光弹性材料固化阶段的特点，如控制不好会引起材料的不均匀，甚至发生速聚而使材料开裂。采用上述的浇注固化工艺，可以较好地控制其放热反应。

13. 2. 4　模型的机械加工及黏结

环氧树脂光弹性材料，可以进行各种机械切削加工。但因这种材料性质较脆，易崩裂，容易产生加工应力，要求切削刀具必须锋利，切削速度适中，进刀量要小，并注意适当冷却。

形状复杂的模型，也可采用分段加工或分段铸造，然后黏结成整体。黏结面应选择在应力较低的次要部位，表面要平整，并用丙酮擦净。黏结剂的配方为在环氧树脂中加入 8% ~ 10%（质量比）乙二胺，混合均匀。先将模型放在 30 ~ 50℃ 的烘箱内预热，然后，在黏结面上涂一薄层黏结剂，加上一定的压力，加温至 30 ~ 50℃，使黏结剂固化。

也可采用与模型同样配方的环氧树脂混合液作为黏结剂，黏好后，须经高温固化。这样的黏结方法可得到良好的光学性能。

思考题：如图 13-4 所示的剪力墙结构，被广泛应用于工业与民用建筑，如何设计一剪力墙光测模型并测试其在水平荷载作用下的应力分布？

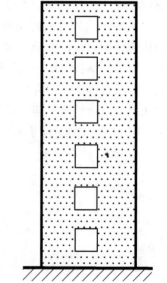

图 13-4　整体小开口剪力墙模型

14 其他光测实验方法

14.1 云纹法

云纹法可用来测定构件的应变场与位移场，其所用的测量基本元件称为栅。如图 14-1 所示，栅是由透明和不透明相间的平行等距线条所组成，组成栅的不透明线条称为栅线，栅线之间的间距称为节距，节距的倒数称为密率。密率表示每单位距离的栅线数，通常用来测量位移及应变用的栅的密率在 2 线/毫米到 50 线/毫米之间，现在已能制造每毫米几百线以上的栅，可用于较精密的测量。

图 14-1　栅的基本结构

栅线可以通过光学方法印制在照相的胶片或者涂感光胶的玻璃板上，制成黑线与透明线相间的栅板，亦可在金属试件表面上直接刻线，但此时金属试件表面上的栅由亮（反射）和暗（不反射）的栅线所组成。另外还可以用光学投影或干涉方法制成栅线投入测试区域组成栅。

如果将两个完全相同的栅重叠起来，当其栅线完全重合时，则从亮的背景方向看去，就像一个栅一样，出现均匀间隔的亮场（图 14-2）。但当两栅的栅线发生相对转动或任一栅中栅线节距增大或减小时，则一个栅的不透明部分将遮盖住另一个栅的透明部分，形成比原来宽得多的不透明暗带，同时在两个透明部分重合的地方，将形成透明的亮带，出现如图 14-3 所示明暗相间的条纹，这些条纹称为云纹。显然由此而产生的云纹图像和栅线的相对转动角度及节距的变化存在着几何关系，因此如将一个栅（称为试件栅）固定或刻制在试件测试区域上，用另一栅（称为基准栅或分析栅）与其重叠，当试件发生变形时试件栅跟随变形，而基准栅不变，因此便会有云纹产生。根据云纹图

象中云纹的位置及云纹间的间距或转角反过来便可求出此试件的应变或位移。在实验应
力分析中光栅的栅线间隔一般均大于光的波长，所以云纹法实际上是一种几何干涉方法。

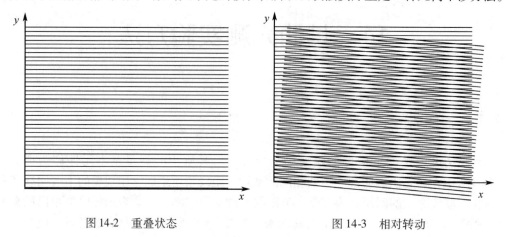

图 14-2　重叠状态　　　　　　　　　　图 14-3　相对转动

用云纹法来测量构件的应变与位移有很多优点：

（1）测量时所使用的设备简单，只需要一般的光源和照相器材。

（2）由于它是一种几何干涉方法，因此可测量很大的变形，一般到构件破坏前均
能进行测量。

（3）只要在不影响条纹观察清晰的温度范围内均可以进行测量。

（4）具有全场显示及没有加强效应等优点。

所以自从 1948 年 Weller 和 Shepard 首先提出将云纹法用于应力分析后，至今已有很
大的发展。

云纹法的缺点是对微小应变测量缺乏足够的灵敏度和精确度，以及对不可展曲面形
状的构件不能进行测量。

14.1.1　均匀线位移引起的云纹效应

如果试件栅和分析栅在未变形前互相平行且节距相等，当试件栅产生沿栅线的主方
向均匀变形（应变）时，试件栅相当于变为一异节栅，它们相干将产生平行于栅线的
云纹，如图 14-4 所示。

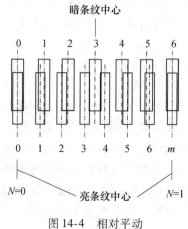

图 14-4　相对平动

由图中可以看出相邻条纹之间产生了一个原节距的变形。设原参考栅的节距为 p，变形后的试件栅节距为 p_1，相邻条纹的间距为 δ，则：

$$\delta = mp = (m \pm 1) \, p_1 \tag{14-1}$$

而：

$$\varepsilon = \frac{p_1 - p}{p} \tag{14-2}$$

将其代入上式得：

$$\varepsilon = \frac{p}{\delta - p} \approx \pm \frac{p}{\delta} \tag{14-3}$$

式（14-3）中略去了分母中的 p，因为它相对于 δ 是高阶微量。

14.1.2 纯转动产生的云纹效应

当两栅等节距，且试件栅不产生线位移，仅对参考栅转动一角度 θ，如图 14-5 所示，此时云纹（亮条纹）产生于栅线交点的连线且平分两栅线所夹的钝角 φ。

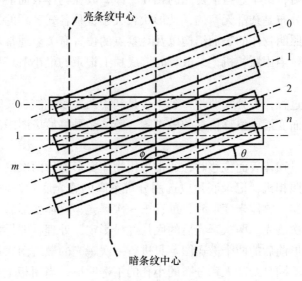

图 14-5 相对转动

θ 与 φ 的关系为：

$$\left.\begin{array}{l} \phi = \dfrac{\pi + \theta}{2} \\[2mm] \theta = 2\phi - \pi \end{array}\right\} \tag{14-4}$$

当 θ 很小时，$\phi \approx \dfrac{\pi}{2}$，即云纹和栅线垂直，在这种情况下，相邻云纹的间距与 θ 的关系可由下式表示：

$$\delta = \frac{p}{\tan\theta} = \frac{p}{\theta} \tag{14-5}$$

可以看出，当 θ 增大时，δ 迅速变小，即条纹迅速增密。实际上当 θ 达到 30° 左右时，条纹已不可分辨。

14.2　散斑干涉法

散斑干涉法是新近发展起来的一种方法，它与全息干涉法类似，有非接触和无损的优点，可用于实物测量，灵敏度高，设备简单，根据所采用的分析技术，可以给出逐点的或全场的信息。散斑图的求值明确，过程简单。可直接给出物体表面的面内位移，亦可用来研究物体的振动，使用脉冲激光器，可用于解决瞬态问题。当与其他方法如激光全息干涉法配合时，能很快给出物体表面三维位移场，而与散射光法配合时，可测量透明物体内部的变形。总之，散斑干涉法在实验应力分析领域中的应用很广泛，近年来发展迅速，受到国内外的重视，正处在持续发展之中。

当用相干性很好的光源，如激光光源照射漫反射物体的表面时，可以看到物体表面是由许多亮点和暗点交织组成。仔细观察表面，在被照亮的物体表面前方的空间内，均存在有这种亮点和暗点，称之为散斑。散斑的出现是由于激光照射到漫反射体表面，物体表面各点发生散射，由于这些散射光的相互干涉，故在物体表面前方的空间形成了无数的散斑。散斑的分布是杂乱无章的，其形状和大小也是各式各样的，散斑的尺寸和形状与照明光波和被照明物体的表面结构以及观察点的位置有关。通常观察到的散斑图只是散斑的一个剖面。当用照相机记录散斑时，底片上记录的最小散斑尺寸还受到成像透镜分辨能力的限制。

散斑干涉计量过程一般分为两步，第一步是利用两次曝光法、实时法或时间平均法等得到带有物体表面变形或位移信息的散斑图，第二步是将散斑图中的变形或位移信息分离出来。

利用散斑法测量物体表面位移时，通常采用物体变形前后两次曝光拍摄散斑图。采用照相设备较好的照相机，记录底片应选用分辨率高的感光底片，通常采用全息底片，光源使用氦氖激光器。物体未变形时，进行第一次曝光；物体变形后，各点发生不同的位移，再进行第二次曝光。两次曝光后的底片经显影定影处理，即得到散斑图底片，此底片记录了物体变形前后的两个散斑图。只进行一次曝光的散斑图底片，相当于一张开有许多形状和大小不同且杂乱无章分布的小孔的不透明屏，当用相干光束照射此散斑图底片时，除了从小孔直接透过的光外，还在透过光的周围出现由中心向外逐渐减弱的衍射光，这种衍射光叫晕轮光。当物体表面上一点的位移引起该点的象的位移为 d 时，此象点附近的散斑图样并不改变其结构，而是也发生相应的位移 d。当经过第二次曝光后，两次曝光的总的散斑图相当于把每个小孔换为了"双孔"，"双孔"的分布亦是杂乱无章的，但"双孔"的内部结构，即构成"双孔"的两个小孔的相互取向和相互距离不是杂乱的，而是在方向上和数值上反映了"真"双孔所在处物体像点的位移 d，这正是所需要的信息，但还有待进一步分离。因为当用相干光束照射散斑图底片时，一方面由于杂乱分布的小孔形成衍射晕轮光；另一方面由于"双孔"结构的有规则的特点，形成相应的双孔衍射现象。由此可见，总的衍射光是晕轮光受到"双孔"衍射效应的调制。

通过对"双孔"衍射图像进行光学二维傅里叶变换运算，就可以得到物体表面各点的位移变化情况。而实际上散斑干涉法的主要限制则是在进行傅里叶光学变换时，变换面上干涉条纹的分辨能力。

14.2.1 单光束散斑干涉法

1. 全场法

采用全场法时，应将拍好的双曝光散斑图置于傅里叶变换光路中，如图 14-6 所示，一束平行激光入射到散斑图上，之后经过变换透镜达到它的后焦面，即变换平面上。如果在变换平面上置一带小圆孔的光阑，则在光阑后的任一平面上就可以看到不同方位上的等位移分量条纹。如果用 r (r_x, r_y) 记小孔所在位置的方位矢量，d (d_x, d_y) 记散斑图上的位移矢量，则入射到散斑图上的单色光波在变换透镜作用下，在变换平面上的光强分布：

$$I \propto \cos^2 \frac{\pi \ (dr)}{\lambda f} \tag{14-6}$$

式中，f 为变换透镜焦距，λ 为照射光波波长，$\propto$ 表示正比于。

于是当：

$$\frac{\pi \ (dr)}{\lambda f} = m\pi, \quad m = (0, \ \pm1, \ \pm2, \ \cdots) \tag{14-7}$$

时，呈现亮条纹。

当：

$$\frac{\pi \ (dr)}{\lambda f} = \left(m + \frac{1}{2}\right)\pi, \quad m = (0, \ \pm1, \ \pm2, \ \cdots) \tag{14-8}$$

时，呈现暗条纹。由式 (14-7) 和 (14-8) 可求得在孔方位上的等位移分量值：

$$d_r = |d| \cos\theta = \begin{cases} \dfrac{mf\lambda}{|r|} \\[2mm] \dfrac{\left(m + \dfrac{1}{2}\right)f\lambda}{|r|} \end{cases} \tag{14-9}$$

式中，θ 是与 d 与 r 间的夹角，而物面沿 r 方向的实际位移 D_r，应为 d_r/m，即：

$$D_r = \frac{d_r}{m} \tag{14-10}$$

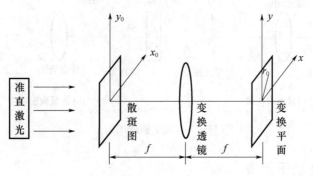

图 14-6 傅里叶变换光路

改变 r 的大小可改变测量灵敏度，$|r|$ 绝对值越大，离透镜距离越远，条纹就越密，灵敏度越高。若用白光照明，则会有彩带条纹出现，这样有利于提高测量灵敏度，对判断条纹零级及分辨正负级都有好处。

2. 逐点法

双曝光散斑图是单曝光散斑图的错动迭合，每个斑经过错动与原来斑组成"斑对"。在物体运动或变形的过程中，存在一个小的"准平移区"，在"准平移区"里各点的位置相同，其所对应的散斑场里的小区域内各斑的错动完全一致。用一细束平行光照亮这一小区域，则各"斑对"就会有双孔衍射现象。如果垂直于激光束放一屏幕，则屏幕上就会出现衍射晕、一组等间距的平行条纹——杨氏条纹。由于各"斑对"间距方向一致而得到加强了的杨氏条纹，而其他各斑间随机组成双孔，由于杨氏条纹随机迭合只能产生散斑背景，平行条纹间距 b 与"斑对"间距 d 的关系为：

$$d = \lambda \frac{f}{b}$$

单光束散斑法用于测量面内位移最为优越，测量灵敏度一般要比测离面位移时大得多。其测量范围为几微米至几百微米，其下限必大于斑的直径。该法也可用于裂纹尖端张开位移及应力强度因子、焊接裂缝的变形、塑性变形中材料的泊松比和应力集中系数等的测试。

14.2.2 双光束散斑干涉法

双光束散斑干涉法是指两束准直相干光束同时照明待测物体，根据测量面内位移和离面位移的不同分别按图 14-7 布置光路。两束照明光被物表面反射在成像平面进行干涉形成散斑图。对未变形和已变形状态，分别在同一记录介质上进行一次曝光，即得双曝光散斑图。

双光束散斑干涉法用于面内位移的测量光路如图 14-7（a）所示，物体在 y 方向或 z 方向运动时光程差都不变，而在 x 方向移动 u 时，则一束光的光程差增加 $u\sin\theta$，而另一束光的光程差减少 $u\sin\theta$，所以两束光的光程差变化为 $2u\sin\theta$。

双光束散斑干涉法用于离面位移的测量光路如图 14-7（b）所示，当离面位移 $\omega = \lambda/2$ 处散斑与位移前的散斑相关，亦即相关条纹为 $\omega = \lambda/2$ 的点的轨迹。该光路也可用于测振、显示节线等。

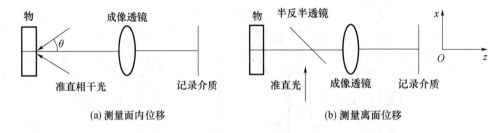

(a) 测量面内位移　　　　　　　　　　　(b) 测量离面位移

图 14-7　双光束散斑图的记录

14.2.3 散斑剪切干涉法

在成像散斑光路中加上剪切元件如光楔、成对小孔、光栅等（图 14-8），可使单光束变成双光束，从而使物面上相邻亮点的像重合，这样一来就可以完成对双曝光散斑位移的微分计算，即使相关散斑错动，从而形成亮条纹。

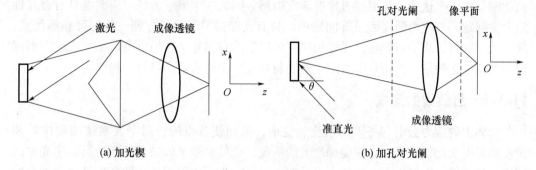

(a) 加光楔   (b) 加孔对光阑

图 14-8　散斑剪切光路

若垂直相干光在 xy 平面，且与 z 轴成 θ 角入射，并且分别在 z 及 y 方向剪切，则物面沿 x，y，z 方向的位移（u，v，w）与剪切量 δ_x，δ_y 有如下关系：

$$\left.\begin{aligned} \sin\theta\frac{\partial u}{\partial x}+\ (1+\cos\theta)\ \frac{\partial \omega}{\partial x}=m_x\frac{\lambda}{\delta_x} \\ \sin\theta\frac{\partial u}{\partial y}+\ (1+\cos\theta)\ \frac{\partial \omega}{\partial y}=m_y\frac{\lambda}{\delta_y} \end{aligned}\right\} \tag{14-11}$$

将入射光旋转 90°，使准直光束在 yz 平面，则有：

$$\left.\begin{aligned} \sin\theta\frac{\partial v}{\partial x}+\ (1+\cos\theta)\ \frac{\partial \omega}{\partial x}=m_x\frac{\lambda}{\delta_x} \\ \sin\theta\frac{\partial uv}{\partial y}+\ (1+\cos\theta)\ \frac{\partial \omega}{\partial y}=m_y\frac{\lambda}{\delta_y} \end{aligned}\right\} \tag{14-12}$$

式中，u，v，w 分别为物体在 x，y，z 方向位移分量；m_x，m_y 为整数条纹级数；分别为 x，y 方向的剪切量。

当垂直光照射（$\theta=0$）时，有：

$$\left.\begin{aligned} 2\frac{\partial \omega}{\partial x}=m_x\frac{\lambda}{\delta_x} \\ 2\frac{\partial \omega}{\partial y}=m_y\frac{\lambda}{\delta_y} \end{aligned}\right\} \tag{14-13}$$

由以上各式联立求解，可得离面位移的微分 $\frac{\partial \omega}{\partial x}$、$\frac{\partial \omega}{\partial y}$ 及面内位移微分 $\frac{\partial u}{\partial x}$、$\frac{\partial u}{\partial y}$、$\frac{\partial v}{\partial x}$、$\frac{\partial v}{\partial y}$。

14.3　焦散线法

工程中的一些问题，如裂纹尖端、应力集中区、接触问题等，都涉及高应力和高应变集中在小部分区域内的现象。这种区域内的应力场、应变场往往伴随着奇异场出现，而不仅是人们早已熟悉的线弹性应力场和应变场，即在极小的范围内出现非常大的应力和应变，并且在近奇异场的局部范围内，物体的厚度和折射率也要发生急剧的变化。因此，在这些局部区域内，用常规的光弹性、云纹、散斑等实验应力分析方法直接测定已不可能。所以常常是避开该区，从其外部周围采集信息，利用各种外推的方法来获得结果，当然这种间接的方法必然会带来误差。焦散线法由 Manogg 提出，是一种非接触式光学测量方法。这种方法对应力梯度非常敏感，因此在求解应力场、应变场具有奇异性的力学问题，如应力强度因子等问题中，具有光路简单、测量方便、数据可靠等优点，现在已扩展到解决动态问题，尽管被研究的问题本身很复杂，但也可以从生成的清晰图像中得到丰富的信息，而且既可用于透明材料也可用于非透明材料的物体。

14.3.1 焦散线的形成

固体中的应力会引起各点的应变、变形，从而使各点的折射率（对透明物体）和厚度等发生变化。对于应力应变梯度大的情况，会使原来平面的试件产生类似于光学凸凹透镜的效果，在像平面上也产生了类似的对平行光聚焦的现象，即产生某些特别亮的区域和特别暗的区域，而亮区和暗区之间有很明显的边界线。这两个区域间的边界线就称为焦散线。图 14-9 是以透射式记录的平行光线通过受拉（Ⅰ型）裂纹后的分布情况，可形象地说明焦散线的形成原理。

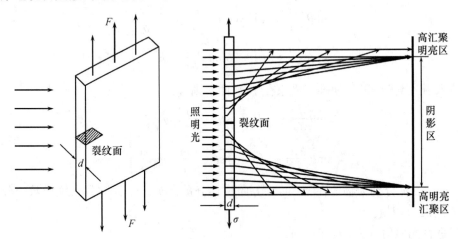

图 14-9 焦散线形成原理

可以看出，在应力梯度变化不大的区域，平行光线通过试件后，仍保持平行；在趋近于应力集中的中心时，光线会偏转，越是靠近裂纹尖端的区域，通过时的偏转越大。开始，随着物平面上光线与中心点（即裂纹尖端）距离的减小，各个像点也向像平面上对应的中心点靠近；但是这种趋势在通过试件的光线进一步向裂纹中心点靠近时又会发生反转，即对应的像点离中心点又变远了，因此形成了一条明显的亮区和暗区的分界线，称之为焦散线。

14.3.2 焦散线的基本方程

如图 14-10 所示，具有奇异应力场的试件，在奇异场处受力变形成一曲面，设其曲线方程为：

$$z = f(x, y) \tag{14-14}$$

图中平面 $x'y'$ 为成像平面，它与 xy 平面的距离为 z_0，设曲面上某点 $p(x, y)$，反射到成像平面上的像为 $p'(\omega_x, \omega_y)$。若用平行光照射时，则有关系式：

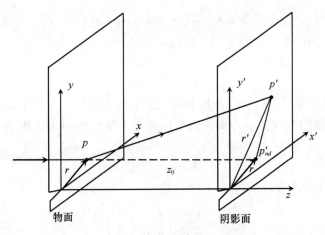

图 14-10 反射焦散物面与成像

$$\left.\begin{array}{l} \omega_x = x + \left[f(x,y) - Z_0 \right] \cdot 2\dfrac{\partial f}{\partial x} \Big/ \left[1 - \left(\dfrac{\partial f}{\partial x} \right)^2 \right] \\[3mm] \omega_y = y + \left[f(x,y) - Z_0 \right] \cdot 2\dfrac{\partial f}{\partial y} \Big/ \left[1 - \left(\dfrac{\partial f}{\partial y} \right)^2 \right] \end{array}\right\} \tag{14-15}$$

式中，符号右边第一项表示试件不受载荷时在像平面上的像，第二项表示加载后因试件奇异区内的厚度发生明显变化而引起 p 点像的偏离量。

若光源采用 $Z = Z_i$ 的点光源时，则有：

$$\left.\begin{array}{l} \omega_x = \lambda_m x + \left[f(x,y) - Z_0 \right] \cdot 2\dfrac{\partial f}{\partial x} \Big/ \left[1 - \left(\dfrac{\partial f}{\partial x} \right)^2 \right] \\[3mm] \omega_y = \lambda_m x + \left[f(x,y) - Z_0 \right] \cdot 2\dfrac{\partial f}{\partial y} \Big/ \left[1 - \left(\dfrac{\partial f}{\partial y} \right)^2 \right] \end{array}\right\} \tag{14-16}$$

式中，$\lambda_m = (Z_0 + Z_i)/Z_i$，称为放大系数。

根据焦散线的高亮度性，意味着来自 $f(x,y)$ 曲面上的点曾多次映入，因此屏幕上 p' 点并不唯一地与 p 点相对应。按数学解析理论，这种唯一对应的物理现象在数学上应满足：

$$J = \frac{\partial(\omega_x, \omega_y)}{\partial(x,y)} = \begin{vmatrix} \dfrac{\partial \omega_x}{\partial x} & \dfrac{\partial \omega_x}{\partial y} \\[3mm] \dfrac{\partial \omega_y}{\partial x} & \dfrac{\partial \omega_y}{\partial y} \end{vmatrix} = 0 \tag{14-17}$$

由 $J = 0$ 在试件表面上确定一条曲线，该曲线称为初始曲线，故式（14-17）也称为初始曲线方程。而对屏上的焦散线方程可将式（14-17）代入式（14-14）或式（14-15）得到其显式。

14.3.3 焦散线法的应用

1. 焦散线法应用于平面问题

对于透明材料平板模型，当入射光照射局部变形的奇异场区域时，不但由模型前表面反射形成反射焦散线，而且也会形成后表面反射焦散线和透射焦散线。焦散线方程的统一形式为：

$$W = \lambda_m r + C \cdot \text{grad}\ (\sigma_1 + \sigma_2) \tag{14-18}$$

相应于前表面反射时 $\qquad\qquad C = \mu t Z_0 / E$

后表面反射时 $\qquad\qquad C = -2 C_r t Z_0$

透射时 $\qquad\qquad C = -C_t t Z_0$

式中，t 为平板模型厚度；C_r、C_t 为透射和反射情况下材料应力光学系数；λ_m 为放大系数；μ 为板材的泊松比；r 为 p 点的位置坐标矢量，即 $r = x i + y j$；W 为 p 点对应的像矢量，即：

$$W = \omega_x i + \omega_y j$$

材料的应力光学参数可用式（14-19）确定：

$$\frac{C_r}{C_t} = \frac{1}{2}\frac{Z_{0t}}{Z_{0r}}\left(\frac{\lambda_t}{\lambda_r}\right)^{\frac{3}{2}}\left(\frac{D_{tr}}{D_{tt}}\right)^{\frac{5}{2}} \tag{14-19}$$

当 $Z_{0t} = Z_{0r}$，$\lambda_t = \lambda_r$ 时，

$$\frac{C_r}{C_t} = \frac{1}{2}\left(\frac{D_{tr}}{D_{tt}}\right)^{\frac{5}{2}} \tag{14-20}$$

而

$$C_r = \frac{\mu}{E}\left[\frac{1}{2}\frac{(D_{tr}/D_{tt})^{\frac{5}{2}}-1}{(D_{tr}/D_{tt})^{\frac{5}{2}}-2}\right]$$

式中，D_{tt}、D_{tr} 为后表面透射和反射焦散线横向直径；Z_{0r}、Z_{0t} 为反射和透射像距；λ_r、λ_t 为反射和透射时的放大系数。

2. 焦散线法应用于断裂力学问题

Ⅰ 型裂纹尖端的焦散线一般方程为：

$$W = \left(\lambda_m r\cos\theta - \frac{K_1}{\sqrt{2\pi}}C_r^{-\frac{3}{2}}\cos\frac{3}{2}\theta\right)i + \left(\lambda_m r\sin\theta - \frac{K_1}{\sqrt{2\pi}}C_r^{-\frac{3}{2}}\sin\frac{3}{2}\theta\right)j$$

式中，r、θ 为极点位于裂纹尖端处的极坐标；K_1 为 Ⅰ 型裂纹的强度因子。

初始曲线方程为：

$$r = r_0 = \left(\pm 3CK_1/2\lambda_m\ \sqrt{2\pi}\right)^{\frac{3}{5}}$$

即原始曲线为一个半径为常数的圆，该圆称为基圆。前表面反射时取负号，后面反射和透射时取正号。

14.4 脆性涂层法

14.4.1 脆性涂层的基本原理

脆性涂层法是将专门配制的脆性涂料涂刷或喷涂在被测构件表面上，经充分干燥后，形成紧附在构件表面的脆性薄膜，当构件受力发生变形时，涂层薄膜也随之变形，当应变达到某一临界值时，涂层即出现裂纹，最先出现裂纹的部位表示构件拉伸应力最大，而裂纹的方向与最大拉伸主应力的方向垂直，在一定条件下，应变越大，裂纹越密。

脆性涂层法通常用于确定构件实物或模型受力后的高应力区、主应力方向和一定精

度的应力数值。它是一种全域性的测量方法，不受构件材料、形状、载荷分布形式和类型的限制，既可用于模型实验，也可用于实物测量，对应变分布给出总的结果，直观性强，所用设备工具简单，使用方便、迅速、经济。但脆性涂层法测量结果受温度、湿度影响较大，测量精度不够高，灵敏度也嫌低。因此主要用于定性试验，在精度要求不太高时单独用于应力测量，也可与电阻应变测量方法配合使用，即先用脆性涂层法了解构件上应力分布大致情况，由裂纹区域和方向确定应力较高的部位和主应力方向，然后布置应变片测点以准确测量应力值，可节约电阻应变测量法所用人力、物力，提高工作效率。

14.4.2　脆性涂层涂料

常用脆性涂料有两种，一种是由树脂、溶剂、填料和增塑剂组成的树脂型涂料，另一种是悬浮在挥发性载体中的瓷粉构成的涂料。树脂型脆性材料应用较为广泛，多为松脂酸钡，其配制方法如下：先把松香放在烧杯中加热，在 $70 \sim 80℃$ 时开始熔化，继续加热至 $220℃$ 左右（但不宜过高），然后把称好的氢氧化钡慢慢加入，因为该反应是放热的，故作用很剧烈，为了防止因反应剧烈而造成溶液溅出危险，在熔化时，松香的体积不宜超过整个烧杯容积的 $1/3$。加入氢氧化钡后溶液产生泡沫，并有气泡不断涌出，此时继续加热至 $270℃$ 左右，泡沫就逐渐消失，得到透明的溶液，这表明反应已结束，可停止加热，将它冷却到 $200℃$ 左右，即可倒入由描图纸做成的小盒内，待凝固后即得到所谓的干漆，它是钡松脂酸盐和松香的混合物，可以长期储藏在密闭的玻璃容器中。把干漆溶解于二硫化碳中即得到脆性漆料，干漆和二硫化碳质量比为 $2:3$。二硫化碳是易燃品，故漆料宜放在较阴凉的地方。漆料是一种易挥发、易燃的有毒物质，故在操作时应戴上口罩，室内应有良好的通风条件。其化学反应方程式为：

$$2C_{19}H_{29}COOH + Ba(OH)_2 \cdot 8H_2O \xrightarrow{\text{加热}} (C_{19}H_{29}COO)_2Ba + 10H_2O$$

14.4.3　脆性涂层法实验技术

1. 脆性涂料的使用

在进行涂漆操作之前，必须先清洗零件表面，如果是金属材料的零件或模型，先用钢丝刷或砂纸去除表面氧化物或油脂等脏物；然后用丙酮、汽油或酒精等挥发性强的溶剂清洗。如果是有机玻璃模型，可以用酒精或汽油作为清洗剂，禁止使用钢丝刷或丙酮来清洗，因为丙酮对有机玻璃是起化学作用的。为了便于观察裂纹，清洗后表面应先涂上底层，因为有些零件或模型在加工时表面会有划伤及黑斑点等，从而影响裂纹的观察。等底层干燥完毕后，再涂上漆。底层可用含 2% 赛璐珞，0.4% 铝粉的乙酸乙酯溶液。涂层时用喷枪进行，底层不宜过厚，只要将缺陷及划伤盖掉即行。根据不同的实验条件选用灵敏度不同的漆，按图 14-11 所示选用漆料。

2. 构件的应力、应变计算

（1）脆性涂层初裂应变值 ε_0 的标定。取 3 根标定梁，材料与构件相同，涂层的涂刷和固化过程与构件完全相同标定，采用逐级加载，每次加载 4.9N，直到涂层出现第一条裂纹为止。测量出裂纹距的距离和相应载荷 P。涂层初裂纹值为：

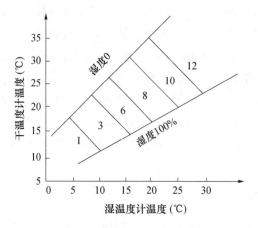

图 14-11　脆性涂料级数选用值

$$\varepsilon_0 = \frac{6Pl}{bh^2 E} \qquad (14\text{-}21)$$

式中，E 为标定梁的弹性模量；h 为标定梁的厚度；b 为标定梁的宽度。

（2）应力、应变的计算。测定出标定梁涂层的初裂应变值 ε_0 后，即可对构件进行逐级加载实验。当构件上某点刚出现第一条裂纹时，记此时的载荷为 P_0，则该点在弹性范围内不同载荷下的应力、应变值为：

$$\varepsilon = \frac{\varepsilon_0}{P_0}P, \ \sigma = \frac{E\varepsilon_0}{P_0}P \qquad (14\text{-}22)$$

式中，P_0 为测点出现第一条裂纹时，作用于构件的载荷；P 为作用在构件上的载荷；ε_0 为从标定梁测出的涂层初裂变值；E 为构件材料的弹性模量。

注意：式（14-22）仅适用于构件在弹性范围，表面处于单向应力状态的情况，对于平面应力状态，由式（14-22）得出的是应力、应变近似值。

（3）脆性涂层裂纹的描绘和摄影。由于涂层裂纹细微，为了便于观察，应从照明光线入射线或反射线的方向观察或摄影。有时为了更清楚地观察裂纹情况，可在涂层上涂由茜素红溶于乙二醇制成的染色剂，该染色剂遇铁呈紫色，遇到铝变成红色。

14.5　X 射线法

结晶型固体是由许多晶粒构成的多晶体，而每一个晶粒又是由规则排列的原子、离子或分子构成的单晶体。因此固体受力产生宏观变形的过程，即是构成固体的原子、离子或分子相对位置变化造成晶粒内部晶面间距变化的过程，如果能够通过某种手段把这种微观变化过程测定下来，固体的宏观变形也就清楚了。X 射线法就是这样一种通过测定固体微观结构，来决定固体宏观变形的方法。它为决定固体内部各种残余应力提供了强有力的非破坏性检查手段。

14.5.1　X 射线应力测量原理

当一束平行的 X 射线照射晶体时，一部分被吸收，一部分被穿透，一部分产生衍射，并沿某一方向反射。这种衍射是由于晶体内原子规则排列引起的。属于晶体内部原子的电子被 X 射线照射时，受到强迫振动，其频率等于 X 射线的振动频率，该电子就成了新的振动中心。另外，在晶体内部的原子受到 X 射线波的影响比在表面的原子在时间上来得迟，但只差一定的短暂时刻。最终，由于原子的振动，晶体放射出的 X 射线频率为同一位置各种振动的叠加，故产生干涉，沿某一方向加强，沿别的方向抵消。当波长为 λ 的特性 X 射线照射到结晶表面时，如果满足布拉格公式，则在布拉格角的方向发生衍射现象，如图 14-12 所示。即：

$$2d\sin\theta = \lambda n \qquad (14\text{-}23)$$

式中，θ 为布拉格角，n 为衍射级数（$n = 0$，± 1，± 2，$\cdots$），d 为晶面间距。

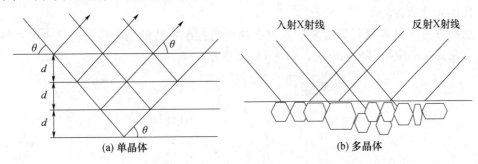

图 14-12　晶体对 X 射线衍射

按式（14-23），当一定波长的射线，即所谓的特征 X 射线入射时，d 和 θ 必须按确定的关系变化。因此，在固体受力变形时，d 变为 $d + \Delta d$，而 θ 变为 $\theta + \Delta\theta$，则得 Δd 与 $\Delta\theta$ 之间的关系式为：

$$\frac{\Delta d}{d} = -\Delta\theta\cot\theta \qquad (14\text{-}24)$$

于是，可以通过测定衍射角 θ 的变化 $\Delta\theta$ 来决定晶格间距 d 的相对变化 $d/\Delta d$。通常，实际固体如上所说的那样，是许多单晶体的集合体，因此实验中，实际测出的衍射角的变化，进而决定的晶格间距的变化，是属于若干个晶粒的，如图 14-12（b）所示。

把式（14-24）用于实际计算时，必须事先知道晶格的原始间距 d，然而它通常是未知的。为解决这个问题，需要从不同的方向对晶粒进行测量。一般来说，晶面间距无应力时沿各个方向是相同的，它表现为一半径为 $d = d_0$ 的球。而当施加某一应力时，沿应力的方向晶面间距增大，垂直于该力方向的晶面间距缩短，于是晶面间距沿各个方向从相等变为不等，$d = d_0$ 的球变为一椭球（称为应变椭球）。因此，通过两个方向以上的晶面间距的测量，即可决定出应变椭球，求出应变。

14.5.2　X 射线应力测量公式

一点的应力状态将由该点在直角坐标（x，y，z）面上的 6 个应变分量 ε_x，ε_y，ε_z，γ_{xy}，γ_{yz}，γ_{zx} 所完全决定。因此，为了认识物体中一点的变形情况，只要知道该点的这 6 个应变分量就够了。在 X 射线应力测定法中，可以选取彼此独立的 6 个方向，分别测出该点沿每一个方向的法向应变 ε。令 i 方向的方向余弦为 l_i，m_i，n_i（$i = 1$，2，$\cdots$，6），相应的法向应变为 ε_i，则依弹性力学中的公式，应有：

$$\varepsilon_i = l_i^2 \varepsilon_x + m_i^2 \varepsilon_y + n_i^2 \varepsilon_z + l_i m_i \gamma_{xy} + m_i n_i \gamma_{yz} + n_i l_i \gamma_{zx}$$

由克莱姆法则可解上式。

根据问题的需要，可以不同的方向为测定方向，求出 6 个应变分量。

14.5.3 X 射线应力测量方法

X 射线的应力测量，是通过晶体对 X 射线衍射角的变化来决定晶格间距的变化 $\Delta d/d$ 进而决定晶体的变形与应力。因此，X 射线应力测量，关键是精确地决定出 $\Delta\theta$。目前，测定 $\Delta\theta$ 的方法常用的有两种：G-M 计数管法和照相法。下面简单介绍这两种方法。

1. G-M 计数管法

这种方法是用 G-M 计数管来捕获测定物质与标准物质的衍射线位置，来代替照相法，它是直接测定衍射角的方法，如图 14-13 所示。

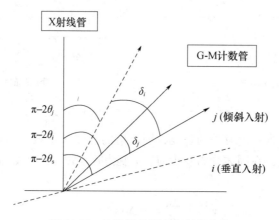

图 14-13　G-M 计数测定衍射角变化

令 $\theta^* = \pi - 2\theta$，$\theta_s^* = \pi - 2\theta_s$（表示标准物质与测定物质衍射线之间的夹角），则由式（14-24）有：

$$\varepsilon_i = \frac{\Delta d_i}{d} = -\cot\theta \cdot \Delta\theta_i = -\frac{1}{2}\cot\theta \cdot (\Delta\theta_i^* - \Delta\theta_0^*) = -\frac{\pi\cot\theta}{21600}(\delta_i - \delta_0) \quad (14\text{-}25)$$

式中，角度 δ 取度为单位。由式（14-25）及所求出的 6 个应力分量即可求得三向应力用 G-M 计数管法的一般表示。

2. 照相法

在待测物表面涂上一层标准物质的粉末或薄膜，这种标准物质的晶面间距是已知的。用 X 射线照射待测物，并用照相底片接收从待测物上衍射出的两种射线，即标准物质的衍射线与测定物质的衍射线。底片必须绕入射的 X 射线旋转，每次旋转 180°，然后摄影如图 14-14 所示。

令待测定物质和标准物质的衍射环半径、衍射角以及两衍射线的距离分别为 r、r_s、θ、θ_s、ΔL，则有：

$$\tan(\pi - 2\theta) = \frac{r}{D} \quad (14\text{-}26)$$

由微分式（14-26）得：

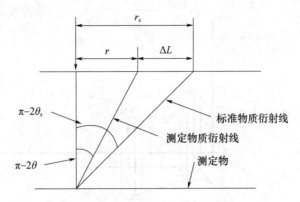

图 14-14　照相法测定衍射角变化

$$\Delta\theta = -\cos^2 (\pi - 2\theta) \cdot \frac{\Delta r}{2D} \tag{14-27}$$

$$\Delta r = r - r_0 = (r_s - r_0) - (r_s - r) = \Delta L_0 - \Delta L$$

把式（14-27）代入式（14-24），则有：

$$\varepsilon_i = \frac{\Delta d_i}{d_0} \approx \frac{\Delta d_i}{d_i} = k (\Delta L_0 - \Delta L_i) \tag{14-28}$$

式中，i 表示测定方向，k 的表达式为：

$$k = [\cos^2 (\pi - 2\theta) \cot\theta] /2D = [\tan (\pi - 2\theta_s) \cos^2 (\pi - 2\theta) \cos\theta] /2r_s \tag{14-29}$$

从式（14-28）求得 i，j 两个测定方向的应变差为：

$$\varepsilon_i - \varepsilon_j = k (\Delta L_j - \Delta L_i) \tag{14-30}$$

从式（14-28）、式（14-29）、式（14-30）可得三向应力用照相法的一般表示。

14.6　数字相关法

数学相关图像测量方法是根据物体表面随机分布的斑纹的光强在变形前后的概率统计的相关性，来确定物体表面位移和应变的，其测量过程为由摄像机记录存在于物体表面的斑纹图，这些图像经 A/D 转换以各像素点灰度值表征。数字相关方法就是利用表面变形前后的两帧图像的灰度值进行相关运算，从而达到求解变形体表面位移和应变的目的。与光干涉方法比较，由于它可以利用物体表面本身的斑点和其他特征，已发展成为实验力学领域中的一种重要的测量方法。通常的图像的灰度 8bit，即 256 个灰度级。

14.6.1　原理

由于斑点的随机性，物体中每一点周围一个小区域中斑点分布是各不相同的，这个小区通常称为子区。根据相关统计原理，对于物体表面上任一点变形的测量可以通过研究以该点为中心的子区的移动和变形来完成。图 14-15 所示为变形前后子区的灰度分布情况。

测量过程为由摄像机记录存在于物体表面的斑纹图，这些图可以显示在计算机的显示器上，并将这些图保存起来。由于斑点的随机性，物体中的每一点周围一个小区域中斑点

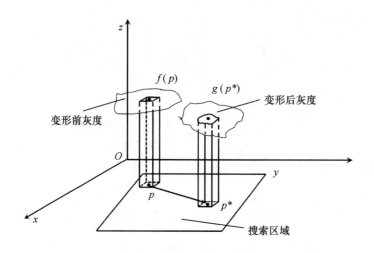

图 14-15　变形前后子区的灰度分布

的分布是各不相同的，如图 14-16 所示，图中给出了子区中心点及子区内任一点的移动和变形前后的位置关系。现在研究子区的中心点 $P(x_0, y_0)$ 点的位移和应变情况。为此，考察以 $P(x_0, y_0)$ 为中心，由点 P 及其周围像素所组成的子区变形前后的相关情况。

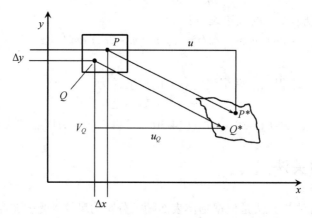

图 14-16　变形前后子区中的点

设 P 点的位移及其一阶和二阶导数分别为：

$$u, \ v, \ \frac{\partial u}{\partial x}, \ \frac{\partial u}{\partial y}, \ \frac{\partial^2 u}{\partial x^2}, \ \frac{\partial^2 u}{\partial y^2}, \ \frac{\partial^2 u}{\partial x \partial y}, \ \frac{\partial v}{\partial x}, \ \frac{\partial v}{\partial y}, \ \frac{\partial^2 v}{\partial x^2}, \ \frac{\partial^2 v}{\partial y^2}, \ \frac{\partial^2 v}{\partial x y}$$

又设 $Q(x, y)$ 点为变形前子区中任一点，$\overline{QP} = \Delta x \cdot \boldsymbol{i} + \Delta y \cdot \boldsymbol{j}$。变形后，$P(x_0, y_0)$ 移到了 $P^*(x_0^*, y_0^*)$，$Q(x, y)$ 移到了 $Q^*(x^*, y^*)$。从图 14-16 中可以看出，P^* 点的坐标变为：

$$\begin{aligned} x_0^* &= x_0 + u \\ y_0^* &= y_0 + v \end{aligned}$$

(14-31)

Q^* 点的坐标可以表达成：

$$\begin{aligned} x^* &= x + u_Q \\ y^* &= y + v_Q \end{aligned}$$

(14-32)

式中，u_Q、v_Q是点 Q（x，y）的位移。

由连续介质力学原理可知，Q（x，y）点的位移可用它的临近点 P（x_0，y_0）的位移及其增量表示，本书考虑子区变形不均匀性的影响，为此在下边的泰勒级数展开中保留位移二阶导数项，则 Q（x，y）点的位移 u_Q、v_Q 可以表示为：

$$u_Q = u + \frac{\partial u}{\partial x} \cdot \Delta x + \frac{\partial u}{\partial y} \cdot \Delta y + \frac{1}{2}\frac{\partial^2 u}{\partial x^2} \cdot (\Delta x)^2 + \frac{1}{2}\frac{\partial^2 u}{\partial y^2}(\Delta y)^2 + \frac{\partial^2 u}{\partial xy}\Delta x \cdot \Delta y$$

$$v_Q = v + \frac{\partial v}{\partial x} \cdot \Delta x + \frac{\partial v}{\partial y} \cdot \Delta y + \frac{1}{2}\frac{\partial^2 v}{\partial x^2} \cdot (\Delta x)^2 + \frac{1}{2}\frac{\partial^2 v}{\partial y^2}(\Delta y)^2 + \frac{\partial^2 v}{\partial xy}\Delta x \cdot \Delta y$$

$$(14\text{-}33)$$

由式（14-32）和式（14-33）可知，Q 点变形后的对应点 Q^*（x^*，y^*）的坐标为：

$$y^* = y + v + \frac{\partial v}{\partial x} \cdot \Delta x + \frac{\partial v}{\partial y} \cdot \Delta y + \frac{1}{2}\frac{\partial^2 v}{\partial x^2} \cdot (\Delta x)^2 + \frac{1}{2}\frac{\partial^2 v}{\partial y^2} \cdot (\Delta y)^2 + \frac{\partial^2 v}{\partial x\partial y} \cdot \Delta x \cdot \Delta y$$

$$x^* = x + u + \frac{\partial u}{\partial x} \cdot \Delta x + \frac{\partial u}{\partial y} \cdot \Delta y + \frac{1}{2}\frac{\partial^2 u}{\partial x^2} \cdot (\Delta x)^2 + \frac{1}{2}\frac{\partial^2 u}{\partial y^2} \cdot (\Delta y)^2 + \frac{\partial^2 u}{\partial x\partial y} \cdot \Delta x \cdot \Delta y$$

$$(14\text{-}34)$$

从图 14-15 中可以看出，Q 点变形前后子区内任一点 Q（x，y）的灰度可以写成：

$$f(Q) = f(x, y)$$
$$g(Q^*) = f(x^*, y^*)$$

$$(14\text{-}35)$$

式中，f、g 分别表示变形前后所记录的两帧图像的灰度分布。

用数字相关方法处理数字散斑图像时，首先在变形前的散斑图选取一个子区，作为样本图像，其灰度分布为 f（x，y），然后，在变形后的散斑图中寻找目标图像，它的灰度分布是 g（x^*，y^*）。实际上，x^*，y^* 是含有待求位移及其一阶和二阶导数的未知量。

有了变形前后子区的灰度分布，就要计算样本图像和目标图像之间的相关性，它是反映两幅图像相似程度的一个数学指标。由统计学可知，相关系数 C 的定义为：

$$C = \frac{\sum f(x,y) \cdot g(x^*,y^*)}{\sqrt{\sum f^2(x,y) \cdot \sum g^2(x^*,y^*)}}$$

$$(14\text{-}36)$$

当 $C = 1$ 时，两个子区完全相关；当 $C = 0$ 时，两个子区不相关。

也可以换一种表示形式，将待求的未知量作为自变量参数，定义 S 为相关因子，有：

$$S = \left(u, \frac{\partial u}{\partial x}, \cdots, \frac{\partial^2 u}{\partial x\partial y}; v, \frac{\partial v}{\partial x}, \cdots, \frac{\partial^2 v}{\partial x\partial y}\right) = 1 - C$$

$$= 1 - \frac{\sum f(x,y) \cdot g(x^*,y^*)}{\sqrt{\sum f^2(x,y) \cdot \sum g^2(x^*,y^*)}}$$

$$(14\text{-}37)$$

当 $S = 0$ 时，两子区完全相关；当 $S = 1$ 时，两子区不相关。

从以上分析可以看出，相关因子 S 正是所求的位移与应变的函数。能使相关因子 S 达到最小值的参数即为真实的样本图像的位移及其导数。换言之，求解位移及其导数的问题，转化为求相关因子的最小值问题。

要求 S 的最小值问题的必要条件是：

$$S_j\ (u_1,\ u_2,\ \cdots,\ u_6)\ =0 \tag{14-38}$$

式中，$j=1,\ 2,\ \cdots,\ 6$；$u_1,\ u_2,\ \cdots,\ u_6$ 分别表示 $u,\ \dfrac{\partial u}{\partial x},\ \dfrac{\partial u}{\partial y},\ v,\ \dfrac{\partial v}{\partial x},\ \dfrac{\partial v}{\partial y}$；$S_j=\dfrac{\partial S}{\partial u_j}$。求式（14-38）的解，实际就是寻找偏微分方程的根。可以应用 Newton-Raphson 迭代方法求解，公式如下：

$$
\left.
\begin{aligned}
&\{u_i^0\}\\
\{S_{ij}^{(k)}\}\ \cdot\ &\{\Delta u_i^{(k)}\}\ =\ -\ \{S_i^{(k)}\}\\
\{u_i^{(k+1)}\}\ =\ &\{u_i^{(k)}\}\ +\ \{\Delta u_i^{(k)}\}
\end{aligned}
\right\} \tag{14-39}
$$

式中，$i,\ j=1,\ 2,\ \cdots,\ 6$；$S_{ij}=\dfrac{\partial S_i}{\partial u_j}=\dfrac{\partial^2 S}{\partial u_i \partial u_j}$；$k$ 表示迭代的次数。

14.6.2　实验技术与设备

数字图像相关测量方法的优点之一就是实验设备比较简单，实验的实现比较容易。根据测试实现的步骤主要分为以下几个方面：首先，要有斑纹，这要通过制斑技术在被测物体表面形成散斑，或者利用物体表面的自然纹理；其次，有一套加载装置给物体加载，对于实际问题，就是有外力使物体发生面内变形；然后，需要有一套图像采集系统，将变形前后物体表面斑纹图以灰度值的形式存入计算机；最后是通过计算机处理，获得变形信息。

1. 制斑方法

散斑图就是物体表面随机的分布灰度不同斑点，分为自然散斑和人工散斑。对于较强纹理的自然表面本身就可以作为散斑图，比如放大的金属表面，如图 14-17（a）所示。对于光滑表面和单颜色的表面，需要通过人工方法改变它的表面反射变化，获得随机的灰度斑点，这就是人工斑化。

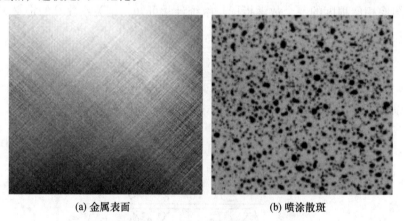

(a) 金属表面　　　　　　　　　(b) 喷涂散斑

图 14-17　物体表面的斑纹图

人工斑化的主要技术如下：

（1）把被测试件表面抛光打毛，形成粗糙中的精细结构。

（2）喷涂银粉漆或玻璃微珠，或在物体表面依次喷涂白亚光漆和黑亚光漆。

图 14-17 是两幅散斑图，第一个为金属表面在显微镜下所显示的粗糙纹理，第二个为在物体的光滑表面喷涂黑白亚光漆形成的人工散斑。

空间频率和强度变化的幅度（散斑的大小和灰度对比程度）是评价人工斑化质量的主要指标，实际试验中要探索一种适合的随机散斑方案，使其既要满足 CCD（电荷耦合器件）摄像机的分辨率要求，能采集到高质量的数字散斑图像，又要使其对于相关运算中的统计相关因子敏感，以获得较高精度和准确性的结果。

2. 数字图像采集系统

图 14-18 所示为计算机数字图像采集系统示意图，主要由光电成像系统、光电转换传感器、数字图像处理系统组成。试件表面的散斑场经过成像系统的调节，由 CCD 摄像机和图像卡数字化后存入计算机。利用图像卡的功能把采集的图像保存为 bmp 格式，以后的程序运算也将直接提取 bmp 格式的图像进行相关运算。CCD 摄像机和显微镜头装在精密三维调节架上，便于调节得到清晰的图像。

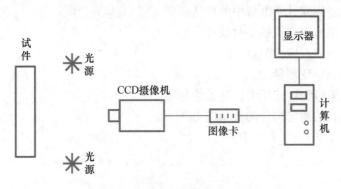

图 14-18　计算机数字图像采集系统

3. 实验设备

实验中光源可采用冷光源，通过易于弯曲的光纤传送到环形均匀光源头，形成均匀光场照在试件表面，从而避免由光源发热引起的试件变形。加载时利用载荷传感器测量载荷的大小，如图 14-19 所示。

图 14-19　实验设备

附录 A　电测部分

I　参考实验教学项目

实验 1　电阻应变计的粘贴技术
实验 2　电阻应变计灵敏系数测定
实验 3　电阻应变计横向效应系数测定
实验 4　电阻应变计在电桥中的接法
实验 5　电阻应变仪灵敏系数校核
实验 6　静态多点应变测量
实验 7　动态应变测量
实验 8　电阻应变计式压力传感器的标定
实验 9　钻孔法测定构件的残余应力

II　习题

1. 简述系统误差、随机误差的性质及消除方法。

2. 简述电阻应变计灵敏系数的测量原理、方法及步骤。

3. 简述电阻应变计横向效应系数的测量原理、方法及步骤。

4. 简述高温电阻应变计的工作特性。

5. 简述高温电阻应变计灵敏系数随温度变化特性的测量方法和步骤。

6. 简述高温电阻应变计热输出曲线的测定方法和步骤。

7. 简述静态和动态电阻应变仪的技术指标和检定方法。

8. 简述自相关函数和互相关函数的含义。

9. 简述时域、频域、频谱、功率谱的含义。

10. 试计算下列一组测量值的算术平均值和标准差：$n = 15$，$x_1 = 17.36$，$x_2 = 19.32$，$x_3 = 19.43$，$x_4 = 19.52$，$x_5 = 19.53$，$x_6 = 19.73$，$x_7 = 19.89$，$x_8 = 20.12$，$x_9 = 20.18$，$x_{10} = 20.26$，$x_{11} = 20.36$，$x_{12} = 20.74$，$x_{13} = 20.96$，$x_{14} = 21.16$，$x_{15} = 21.98$。

11. 试分析上题中所列数值有无可剔除的异常值，请用 t 准则进行分析，剔除异常值后再计算测量值的算术平均值和标准差。

12. 单自由度系统有阻尼受迫振动微分方程为：$m\dfrac{d^2 y}{dt^2} + c\dfrac{dy}{dt} + ky = p$，试采用相似定理推导相似准数。

13. 一电阻应变计粘贴于轴向拉伸试件表面，应变计的轴线与试件轴线平行。试件材料为碳钢，弹性模量为 $E = 210\text{GPa}$，应变计的阻值为 $R = 120\Omega$，灵敏系数为 $K = 2.00$。若加载到应力 $\sigma = 300\text{MPa}$ 时，应变计的阻值变化是多少？

14. 对构件表面某点进行应变测量，为修正由于横向效应引起的误差，用了一个 90°应变花，横向效应系数为 $H = 3\%$，灵敏系数在 $\mu = 0.3$ 的梁上标定。且两个方向上的应变片对应的应变仪读数分别为 $\varepsilon_0 = 125\mu\varepsilon$，$\varepsilon_{90} = -250\mu\varepsilon$，则这两个方向上的真实应变应为多少？

15. 一批电阻应变计，横向效应系数为 $H = 2\%$，灵敏系数在 $\mu = 0.30$ 的梁上标定。现将其用于铝试件（$\mu = 0.33$）的应变测量。设有三个测点，应变计安装方位和测点应变状态分别为：（1）$\varepsilon_\text{L} = \varepsilon_\text{B}$；（2）$\varepsilon_\text{L} = -\varepsilon_\text{B}$；（3）$\varepsilon_\text{B} = -\mu\varepsilon_\text{L}$。试计算三种情况下由于横向效应引起轴向和横向应变读数的相对误差。

16. 如附图 1 所示，若悬臂梁上粘贴 4 枚应变计，如何接成桥路才能分别测出弯曲应变和拉应变，并力求输出信号较大？

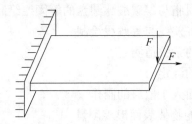

附图 1　悬臂梁桥路接法

17. 用一组直角应变花测得构件上某点出沿三个方向的应变分别为 $\varepsilon_0 = 250\mu\varepsilon$，$\varepsilon_{45} = 80\mu\varepsilon$，$\varepsilon_{90} = -150\mu\varepsilon$。设构件弹性模量 $E = 2.06 \times 10^5 \text{MPa}$，泊松比 $\mu = 0.290$。试计算该测点处的主应力和主方向角（与 0°方向的夹角）。

18. 一应变计粘贴在轴向拉伸的标准试件上，其泊松比 $\mu = 0.29$，已知 $\varepsilon = 500\mu\varepsilon$，应变计轴向灵敏系数 $K_\text{L} = 2.00$，横向效应系数 $H = 1.5\%$。试求 $R = 120\Omega$ 时的 ΔR。

19. 水轮机主轴承受轴向拉伸与扭转的联合作用，如附图 2 所示。为测定拉力 F 和扭 T，在主轴上沿轴线方向和与轴线夹角 45°方向各贴一电阻应变计。现测得主轴匀速转动时，轴向应变平均值，45°方向应变平均值。已知轴的直径 $D = 300\text{mm}$，材料弹性模量 $E = 210\text{GPa}$，泊松比 $\mu = 0.28$。试求拉力 F 和扭矩 T 的值。

附图 2　水轮机主轴桥路接法

附录 B 光 测 部 分

I．参考实验教学项目

实验 1　光弹性仪的构造及平面偏振光场布置
实验 2　钉压法确定边界应力正负号
实验 3　对角受压方板应力分布计算
实验 4　对径受压环氧树脂与聚碳酸酯圆盘的等倾线绘制
实验 5　对径受压圆盘等差线与等倾线绘制
实验 6　环氧树脂材料的条纹值测定
实验 7　应力集中效应的测定
实验 8　混凝土块体表面人工散斑的制作
实验 9　基于 DIC 方法的物体表面形貌测量

II．习题

1. 简述平面偏振光的特性。
2. 简述光弹性材料中的双折射现象。
3. 简述圆偏振光的特性；在光弹性实验中如何形成圆偏振光场？
4. 简述平面应力-光学定律。
5. 简述圆偏振光场的各镜轴布置，并简述各部件功能。
6. 简述等差线的形成原理以及等差线的特点和分布规律。
7. 简述等倾线的形成原理以及等倾线的特点和分布规律。
8. 简述白光的光色组成及各色光的互补色。
9. 简述等差线零级条纹的判定方法。
10. 简述双波片法确定非整数级条纹的方法和步骤。
11. 简述钉压法确定边界主应力正负号原理。
12. 简述切应力差法计算截面上应力的原理及步骤。
13. 简述材料条纹值的特性及测定条纹值的意义。
14. 简述应力冻结切片法的实施原理。
15. 简述切片法中正射法与斜射法的区别及各自的计算原理。
16. 简述环氧树脂光弹性平面模型的制备步骤。
17. 简述云纹法测量应变的技术优点与缺点。
18. 简述散斑干涉法测量应变的基本原理。